JN183599

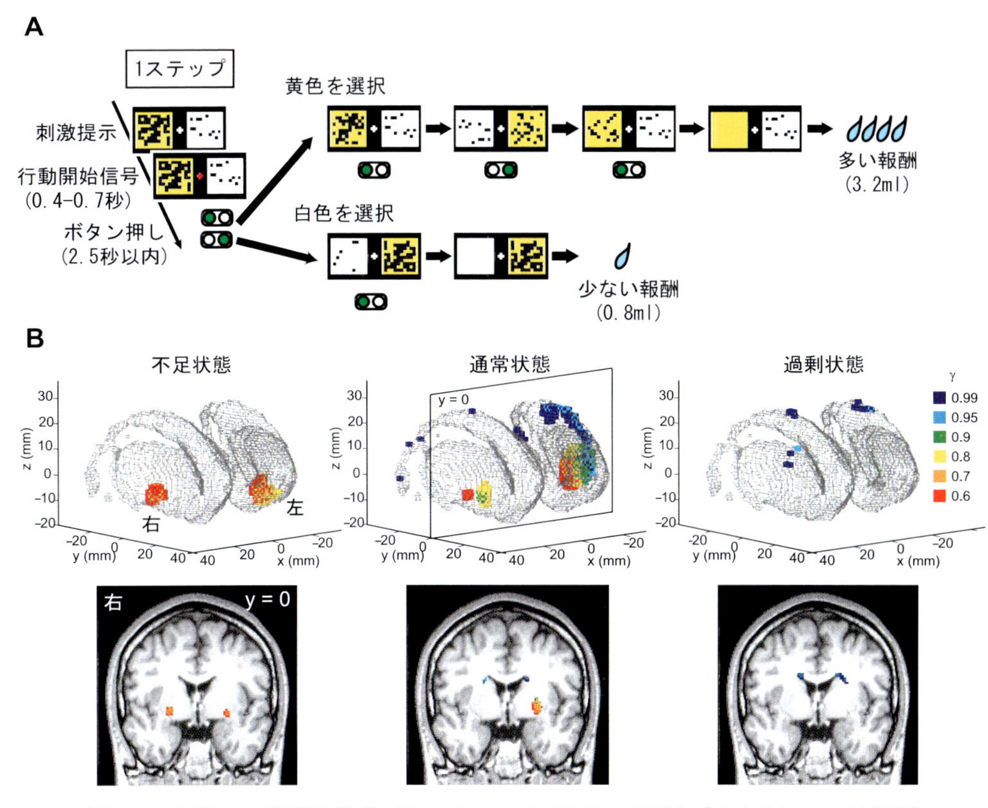

図 3.4　実験 2 の課題と結果（Tanaka et al., 2007,　改変）［本文 83 ページ参照］

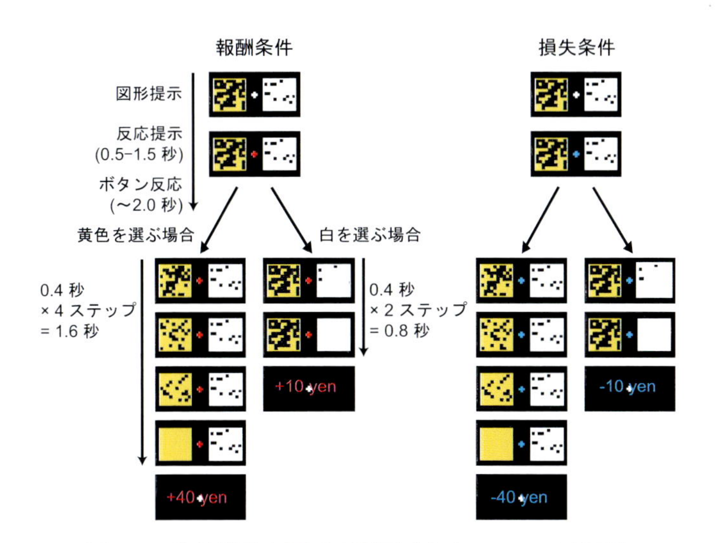

図 3.6　符号効果を調べる課題［本文 88 ページ参照］

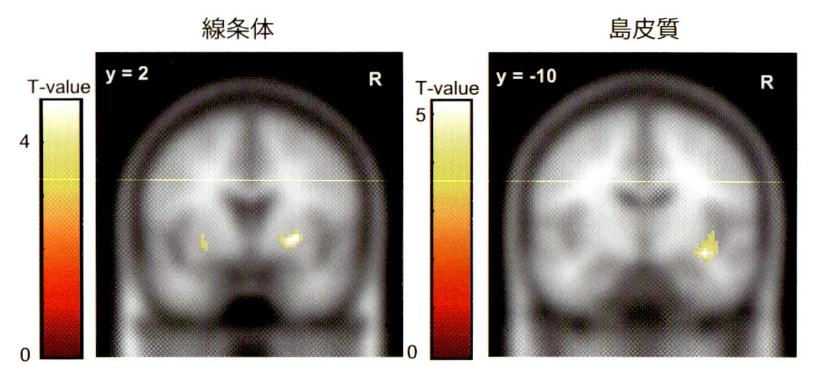

図 3.8　符号効果のある群とない群の脳活動の違い［本文 90 ページ参照］

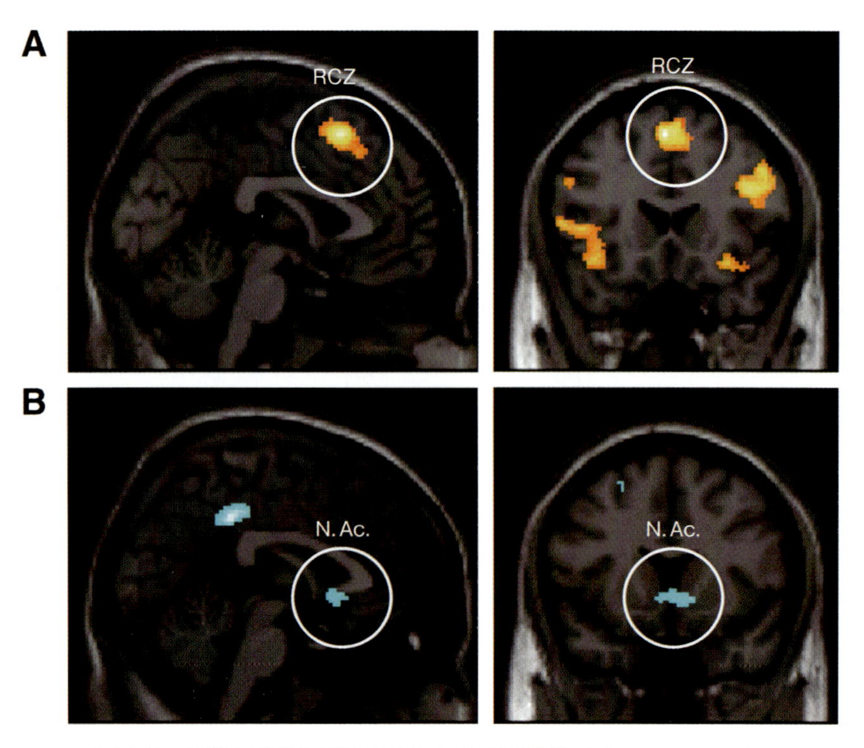

図 5.5　他者の評定と相違があるときの脳活動（Klucharev et al., 2009）［本文 158 ページ参照］

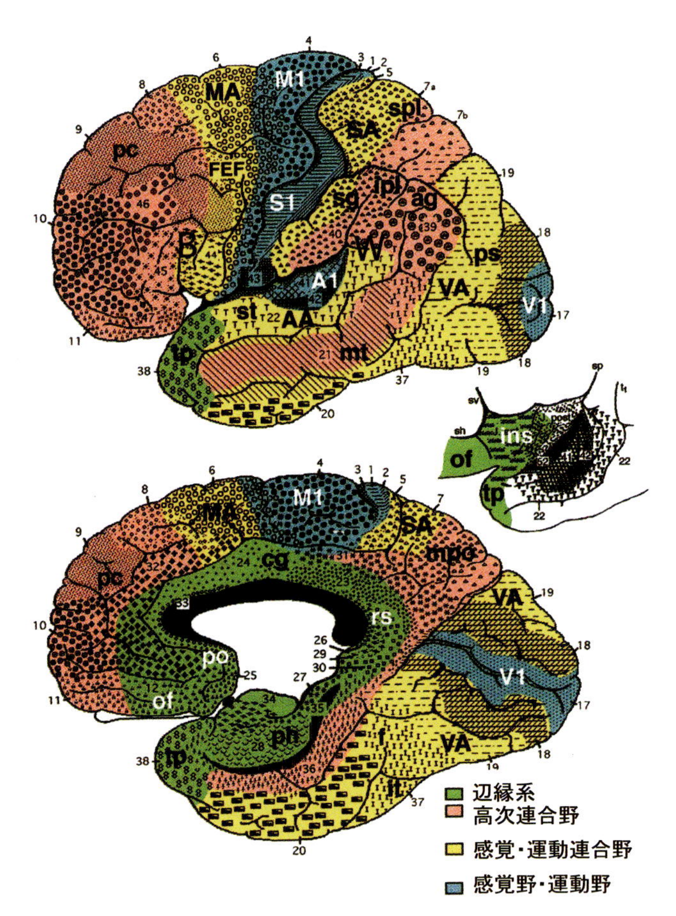

図 6.1　Mesulam が行った機能による大脳皮質の分類
（Mesulam, 2000）［本文 167 ページ参照］

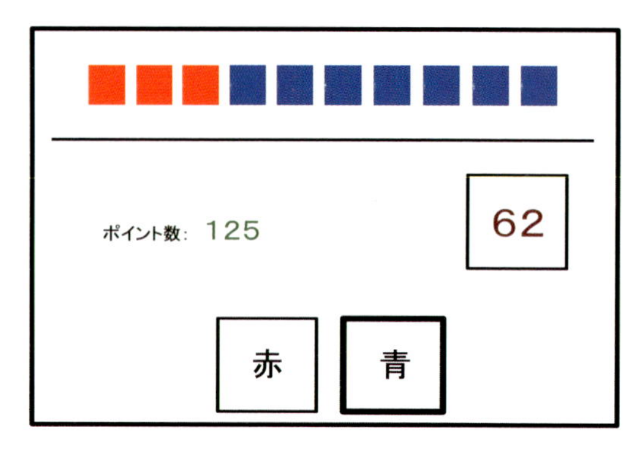

図 6.8　ケンブリッジ・ギャンブル課題での表示画面の様子
（Rogers et al., 1999a）［本文 185 ページ参照］

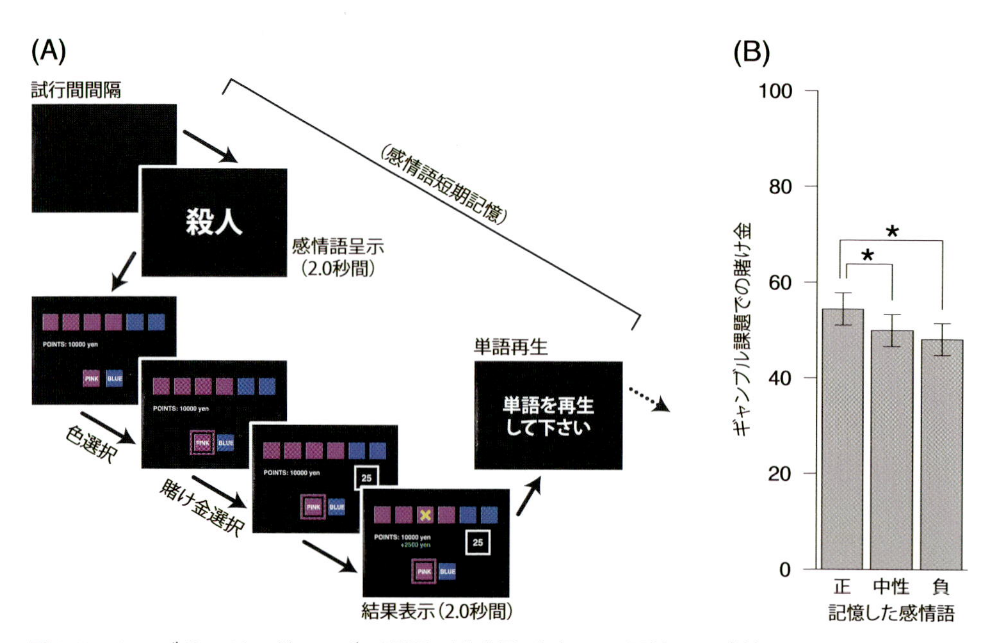

図 6.9　ケンブリッジ・ギャンブル課題の模式図（A）と，記憶した感情語の違いによる賭け金への影響の結果（B）（Mochizuki and Funahashi, 2009, 改変）［本文 187 ページ参照］

情動学シリーズ

小野武年 監修

4

情動と意思決定

感情と理性の統合

Emotion and Decision Making

渡邊正孝

船橋新太郎

編集

朝倉書店

情動学シリーズ　刊行の言葉

情動学（Emotionology）とは「こころ」の中核をなす基本情動（喜怒哀楽の感情）の仕組みと働きを科学的に解明し，人間の崇高または残虐な「こころ」，「人間とは何か」を理解する学問であると考えられています．これを基礎として家庭や社会における人間関係や仕事の内容など様々な局面で起こる情動の適切な表出を行うための心構えや振舞いの規範を考究することを目的としています．これにより，子育て，人材育成および学校や社会への適応の仕方などについて方策を立てることが可能となります．さらに最も進化した情動をもつ人間の社会における暴力，差別，戦争，テロなどの悲惨な事件や出来事などの諸問題を回避し，共感，自制，思いやり，愛に満たされた幸福で平和な人類社会の構築に貢献するものであります．このように情動学は自然科学だけでなく，人文科学，社会科学および自然学のすべての分野を包括する統合科学です．

現在，子育てにまつわる問題が種々指摘されています．子育ては両親をはじめとする家族の責任であると同時に，様々な社会的背景が今日の子育てに影響を与えています．現代社会では，家庭や職場におけるいじめや虐待が急激に増加しており，心的外傷後ストレス症候群などの深刻な社会問題となっています．また，環境ホルモンや周産期障害にともなう脳の発達障害や小児の心理的発達障害（自閉症や学習障害児などの種々の精神疾患），統合失調症患者の精神・行動の障害，さらには青年・老年期のストレス性神経症やうつ病患者の増加も大きな社会問題となっています．これら情動障害や行動障害のある人々は，人間らしい日常生活を続けるうえで重大な支障をきたしており，本人にとって非常に大きな苦痛をともなうだけでなく，深刻な社会問題になっています．

本「情動学シリーズ」では，最近の飛躍的に進歩した「情動」の科学的研究成果を踏まえて，研究，行政，現場など様々な立場から解説します．各巻とも研究や現場に詳しい編集者が担当し，1）現場で何が問題になっているか，2）行政・教育などがその問題にいかに対応しているか，3）心理学，教育学，医学・薬学，脳科学などの諸科学がその問題にいかに対処するか（何がわかり，何がわかっていないかを含めて）という観点からまとめることにより，現代の深刻な社会問題となっている「情動」や「こころ」の問題の科学的解決への糸口を提供するものです．

なお本シリーズの各巻の間には重複があります．しかし，取り上げる側の立場にかなりの違いがあり，情動学研究の現状を反映するように，あえて整理してありません．読者の方々に現在の情動学に関する研究，行政，現場を広く知っていただくために，シリーズとしてまとめることを試みたものであります．

2015 年 4 月

小野武年

●序

意思決定とは特定の目的を達成するために，いくつかある選択肢の中から合理的な判断により最も適切なものを選ぶ過程とされる．たとえば，自宅の洗濯機や冷蔵庫が使えなくなったので，新しいものに買い替えるとして，どのメーカーのどの機種を選ぶか，というような事態である．適切な意思決定においては，カタログやインターネットなどから必要な情報を十分に得て，コストパフォーマンスを考えながら，最適なものを選ぶことが求められる．そして十分な情報さえあれば最適なものは自然に見つかる，と考えられる．

ところがわれわれの意思決定はそれほど単純ではない．そもそも意思決定を行うにあたって十分な情報が得られる場合はそれほど多くない．たとえば，「この人と結婚するか，否か」という意思決定場面で，幸せな結婚になるかどうかを判断するのに必要な情報は，決定的に不足しているのが一般的である．また特定の会社の株を買うことの適否についても，十分な情報がないのが普通である．

さらに重要なのは，われわれの意思決定は決して合理的なものではない，ということである．十分な情報がないところでは，「ヒューリスティック」な意思決定がなされることが多い．つまり，われわれはこれまでの限られた経験や知識とそれに基づく期待，それに，そのときの感情や気分などの情動に支配されてものごとを直感的に決めることが多く，意思決定には情動が重要な役割を果たしている．

また，われわれの意思決定はすべて意識的になされるわけでもない．とくに，「悲しい結末の映画を見て，とても悲しい気分になり」とか，「とてもおなかがすいていて」というように，情動や動機づけ状態を反映して無意識のうちにものごとを決めてしまうことも少なくない．

意思決定には，依存，セルフ・コントロール，集団の影響などいろいろな要因が絡んでいるが，どんな場合も情動がかかわっている．つまりわれわれの行う様々な意思決定は，経験や知識に基づく理性的な判断と，そのときに生じた情動との統合によってなされていることがわかる．本書では人と動物においてなされた脳研究を紹介しながら，意思決定において情動の果たす役割を明らかにすることを目指している．読者の方々には，本書において人の意思決定の特徴を理解し，日常における後悔しない意思決定の手がかりが得られることを願っている．

2015 年 10 月

渡 邊 正 孝
船橋新太郎

● 編集者

渡 邊 正 孝　東京都医学総合研究所

船橋新太郎　京都大学こころの未来研究センター

● 執筆者（執筆順）

渡 邊 正 孝　東京都医学総合研究所

廣 中 直 行　(株)LSI メディエンス薬理研究部

田 中 沙 織　(株)国際電気通信基礎技術研究所脳情報通信総合研究所

遠 藤 利 彦　東京大学大学院教育学研究科

村 田 藍 子　北海道大学大学院文学研究科

亀 田 達 也　東京大学大学院人文社会系研究科

船橋新太郎　京都大学こころの未来研究センター

〔コラム執筆〕

齋 藤 美 松　東京大学大学院人文社会系研究科

金　　恵 璘　北海道大学大学院文学研究科

豊 川　　航　セント・アンドリュース大学

小 川 昭 利　順天堂大学大学院医学研究科

●目　次

●コラム目次

1 無意識的な意思決定

私たちは人生のなかでいろいろな選択・意思決定場面に直面する．こうした場面において，私たちはできるだけ多くの情報を集め，それに基づいて合理的な結論を得ようとするが,「これしかない」というような解はみつからない場合も多い．色々な選択肢がありうるなかで「正解」というべきものがそもそもあるかどうかはっきりしないような状況で人の行う選択には，ある特有の傾向がみられる．こうした傾向についてくわしく分析したツベルスキーとカーネマン（Tversky and Kahneman, 1974）は，人の意思決定の過程が必ずしも論理的な道筋にそったものではなく，一見論理的にみえながら，かなりの部分が背後の知識，文脈，期待，そしてとりわけそのときの感情に依存した,直感的で「ヒューリスティック」（論理的思考が容易でない，あるいはそうしている時間的余裕がないときなどに，さしあたって到達する「それなりにもっともらしい」解決策）なものであることを示している．さらにこのヒューリスティックな意思決定は無意識のうちに行われることも多い．おもしろいことにそのヒューリスティックな結論は，最適解ではないまでも，「適解」に近い場合が少なくないとされる．本章では，こうした意識されない感情・情動により，意思決定がどのような影響を受けるのかについて述べる．

1.1 感情状態に左右される意思決定

私たちは最近に,あるいはその日に起こったことなどにより,楽しい気分になったり，寂しい気分になったりする．そしてその気分・感情状態により，私たちが行う意思決定は影響されることが知られている．しかも，意思決定場面とは直接関係ないことで生じた情動は「意識」されることなく意思決定にかかわりをもってくることが多い（Mosier and Fischer, 2010）．

たとえば，同じ春の日でも，暖かくよい日和の日と，寒く雨が降る日に電話インタビューをして生活の満足度について聞いてみると，雨の日には人生の満足度の評価が低いという結果が得られており，気分が満足度の評価という意思決定に影響することが示されている．ただ，生活満足度に関するインタビューに先立ってお天気について聞くということをしてみると，評価に差はみられず，現在の気分をもたらした原因について意識すれば，感情が意思決定に影響を及ぼすことはないことも示されている（Schwarz and Clore, 1983）．

a.　実験的な情動喚起と意思決定

感情状態が意思決定に影響することを「実験的」に示した研究も多い．有名なものに「吊り橋実験」と呼ばれるものがある（Dutton and Aron, 1974）．ここでは独身男性を集め，渓谷に架かる「揺れる吊り橋」と「揺れない橋」の2カ所で実験が行われた．男性にはそれぞれ橋を渡ってもらったが，橋の中央で同じ若い女性が突然アンケートを求め話しかけた．その際「結果などに関心があるなら後日電話をください」と電話番号を教えた．その結果，吊り橋の方の男性の多くからは電話があったのに対し，揺れない橋の方の男性からはわずかしかなかった．揺れる橋で生起した「高まった感情状態」，「ときめき」が（その感情状態が原因であることは意識されることなく）電話をかけるという意思決定につながったと解釈されている．

この実験そのものには，手続きや解釈について議論があるが，他の多くの実験的研究では，被験者に文章を読ませたり，ビデオを見せたりして，幸福な，あるいは悲しいなどの感情状態に導き，感情の操作そのものについては被験者に意識させることなく，意思決定にどのような影響がみられるのかが調べられている．こうした研究によると，幸福な感情状態にある人は自分のもっている知識や「ヒューリスティックス」に基づく「トップダウン」的判断をくだす傾向にある一方，悲しい感情状態にある人は自分のもっている知識に依存することは少なく，おかれた状況をくわしく精査して判断をくだす傾向にあることが示されている（Schwarz, 1990）．これは，快感情は個体を取り巻く現在の状況が安全であることを示す情報として機能し，それまで十分に機能していた自分の知識構造に依存したトップダウン型の情報処理を促すように作用するのに対し，不快感情は状況に問題があることを知らせる情報として機能し，状況の詳細に注目するようなボトムアップ型の情報処理方略を促すように作用するためと考えられる（Clore and Huntsinger, 2007）．幸福な感情状態にあると，情報を集めて判断するのではなく，ヒューリスティックな意思決定をしがちであるが，それはそれで，より創造的で，オープンで総括的なものであることも多い．一方，不快感情のうちの「怒り」は，状況が自分でコントロールできるという考えとともに，問題の質に注意を向けず，表面的手がかりに注意を向けるよう促し，「非難する」というような判断を導くことが多い．「恐怖，不安」は状況が自分のコントロールできるものではないという考えと結びつき，組織的，全体的な処理を促すとともに，過覚醒や自己防衛判断を導くことが多いとされる（Mosier and Fischer, 2010）．レルナーら（Lerner et al, 2003）は，2001年9月11日の米国同時多発テロに関して想起させ，その事件に関して「怒る」よう仕向けられたか，「恐れる」ように仕向けられたかにより，被験者の判断は異なったものになったことを示している．「怒り」は報復すべきという選択を促したのに対し，「恐れ」はテロのリスクだけでなく，それと関係ないリスクも高く見積もるような判断を導いた．これらの例は，同じ事実に対しても喚起される情動が違うと，情動そのものは意識されなくても，異なった意思決定を導くことを示している．

b.　ストレス情動と意思決定

不快感情のなかでストレスに注目した研究もある．Porcelli and Delgado (2009) は被験者を寒冷ストレス（cold pressor task：氷温水に3分間手をつける）にさらした後，リスクをともなう意思決定課題をさせた．人はこうした課題において一般に，報酬が得られるときはリスクをとる方向の意思決定を，罰が与えられうるときはリスクを回避する方向の意思決定をする傾向にあるが，ストレス状態におかれると，被験者は無意識のうちにこの傾向が強調された意思決定をすることが示された．なお，ストレス下では人はより自動的，習慣的判断をしがちで，無関連な情報に影響されやすい傾向がみられる．また，ストレス反応には性差がみられる．風船膨張リスク課題（balloon analogue risk task：BART）は，被験者がボタンを押すごとにスクリーン上の風船が膨らみ，ポイントが与えられるが，ある程度以上膨らませると風船は破裂し，それとともにその風船で得たポイントはゼロになるという課題である．つまりポイントを多く得ようとするほど，ポイントがゼロになる確率が高くなる設定になっている．この課題下では，男性はリスク志向，女性はリスク回避の選択をする傾向が認められている（Lighthall et al., 2009）.

ただ，情動状態が意思決定に及ぼす影響は単純ではない．個人差はもちろん大きいし，喚起される情動の強さも大きく影響する．ちなみに，かつてのミルグラムらの「服従実験」（Milgram, 1963）（強い権威のもとで，他人に傷害を与えるような命令に強制的に従わせる実験）のような強烈な情動を生起させるような研究は，現在ではもはや倫理的に許されない．実験的に導入できる情動の強さは比較的マイルドなものにとどまることから，この分野の研究で得られた結果には，そうした実験的制約があることを頭に入れておく必要がある．

c.　日常的な感情と意思決定

強い情動を喚起するものではないものの，日常の感情状態と意思決定の傾向について調べた次に紹介する研究は実用的な意味がある．この研究は，感情状態の違いによる株投資における意思決定の傾向をみたものである（Seo and Barrett, 2007）．ここでは，株の経験者からボランティアを募り，株の投資シミュレーションをしてもらい，インターネットを通じて答えてもらう方法で計 101 人のデータが集められた．被験者には 1 万ドルの仮想金額が与えられ，4 週にわたり毎日，12 の匿名の株について取引をするか否かの意思決定が求められた．被験者には，他の必要な株式市場の情報とともにその株の過去の動きも知らされた．被験者は取引のときの感情状態も毎日答えさせられた．株で利益を得れば実際の報酬も与えられ，被験者はよりよい取引をするよう動機づけられた．

「投資の分散化」などのリスク回避をどのくらいとったか，最終的な利益（損益）はどのくらいだったか，などの指標により各被験者の投資成績が評価された．常識的には，冷静な判断が賢明な判断に導くとされるが，結果はその逆で，「強い感情状態にある」というような報告をする情動反応性が高い人ほど高い投資成績を上げることが明らかになった．つまり，情動に左右される意思決定の方が，理性的な意思決定より結果的に「よりよい意思決定」につながったわけである．

ベッチュら（Betsch et al., 2003）の実験では，ビデオ画面に課題に関係した情報を呈示すると同時に，（無関連な刺激として）テロップで 20 社の株式に関する最近の動きについて被験者に次々に表示した．被験者はもちろんどの株が好調な動きをしたかについて答えることはできなかった．ところがおもしろいことに，それと意識することなく，最も値上がりする株には（それがテロップで出る頻度は一番少なかったにもかかわらず）非常に肯定的な感情を抱き，反対に値下がりする株には漠然とした不安を引き起こすというように，被験者の感情は株の動きに関して「驚くほどの感度を示した」のである．つまり値上がりする株を買おうとするなら，理屈ではなく，感情に聞いた方がいい結果が得られる，という結果であった．

なお，ポジティブな気分は，身近な問題解決にも有効に機能するようである．エストラーダら（Estrada et al., 1997）は研修医を対象に，患者の検査結果や生活歴等に基づいて診断をくだすことを求めた．「ちょっとした贈り物をもらう」などにより，ポジティブな気分に誘導された研修医たちは，早くかつ正しい診断に到達する傾向にあることが示された．

一方，感情が意思決定に直接影響を与えるというのではないが，意識しない感情，自分も気づいていない感情が時間を経て行われる意思決定に影響する，という興味ある研究が最近出されている（McNulty et al., 2013）．この研究では，結婚相手への思いと結婚生活の満足度について答えてもらうとともに，無意識的感情状態を調べるための「潜在的情動評価テスト」が行われた．このテストにおいて，カップルはそれぞれ，相手の写真が 0.3 秒呈示された後に呈示される単語が好ましいものか好ましくないものかをできるだけ早く答えることを要求された．ここで好ましいものとしたときの反応時間から好ましくないものとしたときの反応時間を差し引きし，それを潜在的情動の指標として用いた．正の値は相手へのポジティブな感情を，負の値は相手へのネガティブな感情を反映しているとみなされた．このテストは半年ごとに 4 年間にわたって行われた．

その結果，結婚当初における相手への思いと潜在的情動評価テストの指標との間に相関はなく，相手に対する無意識的感情は意識されていないことが示された．一方，潜在的情動評価テストの指標と後の結婚生活の満足度の間には有意な相関があり，結婚当初の無意識な感情はすでに後の結婚満足度について知っていたともとれる結果が示された．

人は感情に基づき無意識的な意思決定をした場合，その理由を問われると，必ずしも合理的な説明ができないことも多い．選択盲（choice blindness）と呼ばれる現象がそのことをよく説明している．この実験（Johanson et al., 2005）ではまず，被験者に人物の写った 2 枚の写真を見比べ，どちらが魅力的かを選ぶ

コラム1　単純接触効果と感情先行仮説

何度も見たり，聞いたり（接触）するだけで，対象の好意度や印象が高まるという効果を単純接触効果（mere exposure effects）と呼ぶ．この効果は米国の心理学者ザイアンス(Zajonc, R.)の論文(1968)からよく知られるようになった．たとえば，被験者に視覚パターン（中国の表意文字のようなもの）を何度か呈示した後，新規な視覚パターンと，何度か提示したものとを比べてどちらが好きかを聞くと，被験者は何度か提示されたパターンを選ぶ傾向がみられる．刺激の単純な繰り返し提示だけで好みが形成されるわけである．さらに，出たことを認識できないくらいのきわめて短い間だけ刺激を提示（閾下刺激）してもこの単純接触効果はみられ，しかも刺激が意識されるときより，意識されないときの方が効果は大きいことも示されている．なお，接触する対象はヒトでも動物でもモノでもよく，図形や，文字，衣服，味やにおいなど，いろいろなものに対してこの効果はみられる．

ボルンシュタイン（Bornstein, R. F.）による208の論文のメタ分析によると(1989)，この効果は繰り返し確認されており，効果は頑強（robust）であるとされる．この効果は呈示回数が10～20回程度で最も大きく，回数が多すぎると効果はむしろ減少する場合がある．効果は子どもでは大人より小さく，また絵画では他の刺激より小さい．最初に好感をもてないと評価された人との繰り返しの出会いは好感度をさらに下げるように働くという結果もある．

この効果があることを前提にすると，コマーシャルは何度も出す必要性がある．学生にコンピュータ上で記事を読んでもらっている間にバナー広告を出した研究では，バナー接触が多かった学生ほど広告をより好意的に評価したことが示されている．ただ，あまりに多数回呈示すると，好意度はむしろ下がるという結果もある．

この効果が出るメカニズムについて，ある刺激を繰り返し呈示すると，その刺激が処理されやすくなるという，知覚的流暢性の増加が関係しているという説がある．知覚的流暢性が増せば，処理が容易になることから，その刺激にポジティブな感情が生まれる，と考えるのである．

しかしザイアンスは後に述べる感情先行仮説とも関係して，認知的要素をともなう知覚的流暢性の増加ではこの効果を説明できないとし，この効果は「古典的条件付け」のメカニズムが支えていると考えた．古典的条件づけではパブロフの犬の実験のように，音刺激などの条件刺激（CS）と食べ物などの無条件刺激（UCS）を短い間隔で対呈示することを繰り返すと，はじめはUCSだけに反応（この場合は無条件反応（UCR）としての唾液反応）が出るものの，しだいにCSだけで条件反応（CR）としての唾液反応が出るようになる．ただ，単純接触効果におけるCS

が何度も呈示される刺激だとすると，古典的条件づけの成立に必須なUCSは何であろうか．単に刺激が呈示されるだけで，UCSがともなわなければUCRは生じないわけで，条件づけが成立するとは考えられないことになる．ザイアンスは「何もない，というのがUCSとして働く」とみなすことができると，考える．すなわち，なじみのない刺激が出れば，生物は警戒し，探索反応をすることになる．そこでは接近と回避の両モードが活性化すると思われる．ところがなじみのない刺激の後に「何も悪いことが起こらない」ということ（UCS）が繰り返し起こると，それは「安全である」という無条件刺激になり，回避するような反応モードはなくなり，「安全」に対するUCRである，安堵，幸せ，というポジティブな感情がCRとして成立する，というのである．ザイアンスらは漢字を知らない被験者を用い，5単語を5回，あるいは25回，閾下（認知できないくらい短い時間）で提示したところ，25回繰り返し刺激を受けた被験者の方が5回しか刺激を提示されなかった被験者よりポジティブなムードになったという実験を紹介し，単純接触効果は，そこで出された刺激だけに起こるのではなく，その刺激に近い刺激であればその効果が現れる（汎化効果）としている．

単純接触効果のメカニズムは依然として解明されていないが，最近のイメージング研究では，興味ある結果が示されている．ゼブロウィッツとツァンは前頭連合野眼窩部の外側部と内側部の活動を調べることにより，この効果のメカニズムを検討した（Zebrowitz and Zhang, 2012）．前頭連合野眼窩部は前頭連合野の腹側に位置しており，これまでのイメージング研究ではその内側寄りは好ましい報酬を得たときに，外側寄りは好ましくない刺激が与えられたときに活性化することが示されている．単純接触効果が出るように顔刺激や文字刺激を繰り返し呈示したところ，外側寄りの部位では刺激に対して活動が減少することが示された．これは刺激の嫌悪性の減少を反映していると考えられる．一方，内側寄り部位が活動性を増すようなことはみられなかった．この結果から，単純接触効果は，対象に対する好感度が増すのではなく，嫌悪度が減少することによって生じるのではないかとも考えられる．

感情先行仮説（affective primacy hypothesis）はザイアンスが単純接触効果のメカニズムと関連して提唱しているものであり，「感情的反応は認知的反応に先行する」という考えである（Zajonc, 2001）．常識的には，刺激が呈示されれば，それが何であるかを認識し，その認識に基づいて感情が起こる（たとえば，久しぶりに古い友人をたまたま街でみつけ，古い友人であることを認識した後に懐かしさを感じるとされる）と考えられる．これは認知先行仮説（cognitive primacy hypothesis）と呼ばれる．われわれが好きか嫌いかを決めるのは，それ以前にそれが何なのかを知っているのだという一般的常識に沿う仮説である．しかし同じ刺激を提示したとき，その刺激の認識とその刺激にともなう感情のどちらが早く起こるのかを調べると，感情先行仮説が支持される場合が多い．ある状況下において，もし物事を認識せずに情動が起こるのであれば，認識は情動が生じる前提ではないことになる．意識されない刺激の方が意識される刺激より単純接触効果が大きいことなども，感情先行仮説に合致するといえる．意思決定においては，まず情動に基づく判断がなされ，その後でその理由づけがされるということになる．脳メカニズムの研究からもレドゥーらの研究はその仮説を支持している．レドゥーは以下のように説明している（Ledoux, 1998）．

たとえば，ハイカーが林のなかを歩いているとき，通り道でとぐろを巻いている物体に遭遇したとしよう．視覚刺激はまず視床で処理される．視床の一部はプリミティブな情報を直接扁桃体に伝える．この速い情報の伝達によって脳はヘビかもしれない細い曲がった物体が意味する潜在的な危険性に対して反応し始める．一方で，視床は視覚情報を視覚皮質にも送る．視覚皮質で詳細に処理された結果も扁桃体へ送られるが，視床から扁桃体への直接経路よりも情報が扁桃体へ到達するまでにより時間がかかる．危険な状況下では，敏捷に反応できることが非常に有用であり，視床からの直接経路からの情報に反応することで扁桃体が節約した時間は，生と死の別れ道ともなる．

つまり，急で予期せぬ刺激が出されたときは感情先行仮説に沿った脳の働きがみられるわけである．一方，認知先行仮説を支持する研究もあることを考えると，どちらの説が正しい，というのではなく，状況が急なものかそうでないか，意識的に処理されるのか無意識に処理されるのか，というような刺激が呈示される文脈によりどちらの場合もありうる，ということになる．

文　献

Bornstein RF：Exposure and affect：Overview and meta-analysis of research, 1968-1987. *Psychological Bulletin* **106**, 265-289, 1989.

Ledoux J：The Emotional Brain：The Mysterious Underpinnings of Emotional Life, Simon & Schuster, New York, 1998.（松本　元ほか訳：エモーショナル・ブレインー情動の脳科学，東京大学出版会，2003）

Zajonc RB：Attitudinal effects of mere exposure. *J Personality Social Psychol* **9**(2), part 2, 1-27, 1968.

Zajonc RB：Mere exposure：A gateway to the subliminal. *Current Directions in Psychol Sci* **10**(6), 224-228, 2001.

Zebrowitz LA, Zhang Y：Neural evidence for reduced apprehensiveness of familiarized stimuli in a mere exposure paradigm. *Soc Neurosci* **7**(4), 347-358, 2012.

コラム2　分離脳患者における右脳による意思決定と左脳によるその理由づけ

分離脳患者を調べるのによく用いられる装置にタキストスコープ(tachistoscope, 瞬間露出器）がある．これは患者が画面上の中央の1点を注視しているときに，右または左の視野に0.1秒だけ視覚刺激を提示することにより患者の脳の片側だけに情報を入れることを可能にするものである．

言語機能はほとんどの人において（95%以上）左脳にのみ局在している．タキストスコープ法を用いて患者の視野の右側に文字刺激を提示すれば，患者はもちろん容易にそれを命名することができる．これは刺激情報が言語野（language area）のある左脳に入り，そのなかで処理されるからである．一方，同じ刺激を左視野に提示すると，患者はなにが提示されたのかを答えられないだけでなく，刺激が提示されたという意識さえもたないのである．これは右脳に入った情報が脳梁切断のため左脳に入ることができず，言語野では処理されないためである．ただいくつか用意された見本物体のなかから，提示されたものを左手を使って触覚的に選び出すことは，分離脳患者にも可能である．これは右脳にもそれを可能にする程度にはわずかに言語機能が存在しているからである．

ガザニガとレドゥー（Gazzaniga and LeDoux, 1978）は，分離脳患者の左視野に「笑え」という言葉を瞬間提示したところ，患者は笑い始めた．そこでその理由を聞くと患者は「だって，あなたはほんとうにおもしろい人だ」と答えている．「こすれ」という言葉が左視野に瞬間提示されると，患者は左手で頭の後ろをこすった．命令は何だったのかと尋ねると，患者は「痒い」と答えている．さらに別の実験では(Gazzaniga, 1985)，患者に左右別々の絵を同時に瞬間提示し，手元のカードのなかからその絵と関連のあるものを選ばせた（図参照）．するとたとえば，左視野（右脳）に雪景色，右視野（左脳）に鶏の足を見た患者は，左手ではシャベルを，右手では鶏の頭を指さした．その説明を求めると「ああ，それは簡単ですよ．鶏の足は鶏に関係あるし，シャベルは鶏小屋の掃除に必要だからですよ」と答えている．つまり左手がシャベルを選んだのは，左視野に雪景色を見たからだという本当の理由を患者は意識することができず，もっともらしい理由をいわば創作しているわけである．

すなわち右脳は言語能力に乏しいものの，そこでも意識活動はあり，左視野に出された刺激を正しく認識した反応（たとえば，「笑え」，「こすれ」に対して正しく反応できる）をすることが可能である．しかしこの刺激は表に出る形での意識には登らず，患者はどうして自分が笑ったり，こすったりしたのかということの真の理由について理解できない．にもかかわらず患者は自分の行ったことの「理由づけ」をしており，右脳だけが知っており，左脳は伺い知ることのできない理由について

図 左右の脳に同時に別々の情報を入れた実験（Gazzaniga and LeDoux, 1978, 改変）

いわば場当り的なこじつけをしているのである.

ガザニガはその後，長時間にわたって片方の脳にのみ情報を入れ続けるという，タキストスコープ法よりもさらに洗練された方法で，分離脳患者をテストしている(Gazzaniga, 1985). この方法を用いて，右脳だけに強い情動を起こさせるような刺激を与えてみると，右脳のとらえているものが何であるのかについて，患者の左脳は意識的には知りえないわけである．しかし原因不明の「感情状態」については左脳も正しくとらえることのできることが示されている．これは感情状態が左右の脳につながりをもつ皮質下の脳部位により支えられているから可能になるのだと考えられる.

分離脳の研究から得られた知見で最も重要なのは，右脳の意識内容がいわば「無意識的意識」あるいは「潜在的意識」であり，顕在化することはないということである．そして右脳の働きの結果については，左脳はその真の原因を知ることができず，それを推測し，いわば強引にこの世の中を整合的に解釈しようとしていることである.

文　献

Gazzaniga MS : The Social Brain, Basic Books, 1985.（杉下守弘，関　啓子訳：社会的脳，青土社，1987）

Gazzaniga MS, LeDoux JE : The Integrated Mind, Plenum Press, New York, 1978.（柏原恵龍ほか訳：二つの脳と一つの心，ミネルヴァ書房，1980）

ように求めた．その後，2枚の写真を一旦裏返しにした後にもう一度選ばれた方の写真を見せ，その人を魅力的だと考える理由を説明させた．その過程で，時々手品の手法で被験者に気付かれないように2枚の写真を入れ替えるということを行った．すると，すりかわったことに気付かない被験者も多く，彼らは「自分では選んでいない」人を選んだ理由を確信をもって述べたのである．つまり，感情に基づき「何となく行った意思決定」に合理的な理由はもともとないことから，自分の選んでいない写真の人について，「あなたはこの人を選びましたね，ではなぜこの人の方を魅力的と考えるのですか」と聞かれると，後付で，もっともらしい説明をしたのである．

こうした傾向は分離脳患者でみられるものと近いと思われる．ガザニガとルドゥー（Gazzaniga and LeDoux, 1978）によると，分離脳患者では右半球がなんらかの意思決定をして，それに基づいた反応をしたとき，その理由を問われると左半球はその理由を知ることができず，推測に基づいて理屈をつけ，こじつけるということがみられる．言語機能のない右半球の行った意思決定は情動に基づく無意識的なものと考えられるが，その意思決定についても分離脳患者はなんらかの一見合理的にみえる理由をでっちあげるのである．そして分離脳患者でなくても，選択盲現象でみられるように，健常人でも同じメカニズムが働いていると考えられるのである．

1.2　選択場面が喚起する情動に左右される意思決定

前節では，意思決定場面とは関係なく，何か別の要因で生じた情動状態において意思決定をせまられたときに，そこにどのような特徴がみられるのかについて述べた．本節では，選択肢が呈示されたときに，「それにともなって」生じる情動が意思決定にどのような影響を与えるのかについて考える．

a.　意思決定の障害と前頭連合野腹内側部

先に述べたように，人の意思決定のかなりの部分はゆっくり考えてなされるのではなく，直感的でヒューリスティックなものであり，このヒューリスティックな意思決定は無意識のうちに行われることも多い．そのヒューリスティックな結論は，最適解ではないまでも「適解」に近い場合が少なくないとされる．

ところが意思決定においていつも適解とはほど遠い結論を出してしまう人たち

がいることが知られている．ダマシオがその著『生存する脳』(Damasio, 1994)で紹介しているエリオットの名前で知られる患者は，かつては商社マンとして，よき夫，よき父であり，個人的にも，職業的にも，社会的にも，人の羨むような立場にあった．しかし前頭連合野の脳腫瘍にかかり，その切除手術を受けてから人生が大きく変わってしまった．

手術後もエリオットの知能指数は正常以上であり，認知や記憶の障害はみられなかった．しかしそれとは対照的に，「社会的知能」の点で大きな障害がみられるようになった．たとえば，当面している事態が重要なものなのか些細なものなのかを評価したり，これからやらなければならないいくつかのことがらの間に優先順位をつけたりする場合，社会的な常識から大きくかけ離れた判断をしてしまうようになった．

このエリオット，そしてこうした行動傾向をもつ人たちに損傷がみられるのが，前頭連合野の「腹内側部」と呼ばれる部位である（図1.1）．この部位は色々な感覚情報を受け取る部位であるとともに，扁桃核を中心とした辺縁系と密接に結びつき，体内，内臓情報や感情，動機づけ情報も受け取っている．神経生理学的，神経心理学的研究によれば，この部位は外的刺激と情動，動機づけ情報を結びつけるのに最も重要な役割を果たしていることが示されている．

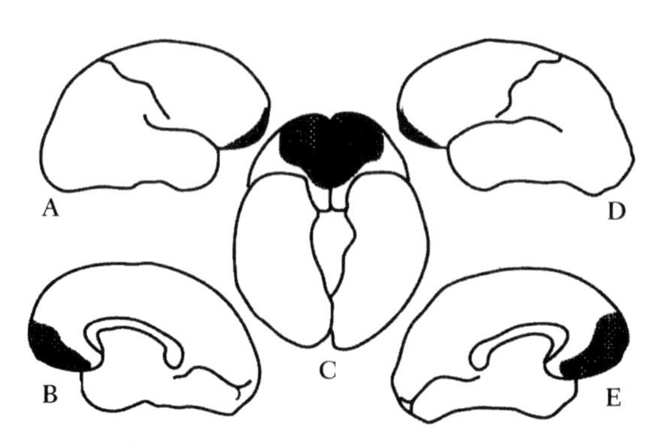

図 1.1　前頭連合野腹内側部（黒塗り部分）の位置（Damasio, 1999，改変）

A，D：脳をそれぞれ右から，あるいは左からみた図．C：真下からみた図（上が前）．B，E：脳を真上から左右に割ってみたもので，Bが右脳，Eが左脳．

b.　ソマティック・マーカー仮説

こうした意思決定の障害が生じるメカニズムに関し，ダマシオは「ソマティック・マーカー仮説」（Damasio, 1994）を提唱している．この仮説は次のようなものである．ダマシオは情動，動機づけにはつねに身体的，内臓系の反応が付随すると考え，そうした身体的，内臓系の反応を「ソマティック反応」と呼んでいる．

①前頭連合野腹内側部は外的な刺激とそれにともなう情動，動機づけを連合する場所である．

②そしてこの連合が成立している場合には，外的な刺激が認知されると，腹内側部でその連合に基づいたソマティック反応を身体的，内臓系に生じさせる信号が出る．

③その信号は外的刺激の良し悪しに関する価値を反映している．

④この信号は意思決定を効率的にするように作用する．

c.　アイオワ・ギャンブル課題

ダマシオは前頭連合野腹内側部損傷患者の障害の特質をくわしく調べるために「ギャンブルゲーム」（アイオワ・ギャンブル課題）を用いた実験を行った（Damasio, 1994）．このゲームでは，被験者の前に4組（A, B, C, D）のカードの山がおかれる．一定の額の金券を貸し与えられた被験者は，どれかのカードをめくると必ずある額の金券をもらえるが，それと同時にカードによっては手持ちのなかからある額の金券を差し出さなければならない場合もあると教示される．ゲームでは，1度にどれかの組のカードを1枚めくる．AかBの組のカードをめくると，つねに比較的大きな利得があるが，カードによっては1回の利得の10倍以上もの損失も被る．CかDの組のカードをめくると，つねに小さな利得しか得られず，カードによっては（利得よりは大きいが）比較的小さい損失を被る．被験者は最終的な利得をできるだけ大きくするように求められる．なお，いつこのゲームが終了するのか，どのようなストラテジーで反応すると最終的な利得が大きくなるのかは被験者にわからないようにしてあり，被験者はいわば「あて推量」で反応する．はじめは健常者も損傷者もAかBの組のカードを多く選ぶ．しかしこれらの組のカードを選ぶと時々痛い目にあうことを経験すると，健常者はしだいにCかDの組のカードばかりを選ぶようになる．一方，損傷患者は金券をどんどん失いつつあることがわかりながら，相変わらずAかBの組のカードを選び続け，最終的に大きな損失を被ることになる．

ダマシオによると，健常者なら「あぶない」組のカードを取ろうとすると，それに対して「自律系，内分泌系，内臓系，骨格筋を含むソマティック反応」が生じ，そのカードを取らないという意思決定に導かれる．しかし前頭連合野の腹内側部損傷患者では，「あぶない」組のカードに対してソマティックな反応が生じないために，あぶないカードを避ける，という意思決定に導かれないと考えるのである．つまり潜在的に悪いことをもたらすような意思決定をするときで，過去にそれと類似の状況におかれたことがあると，前頭連合野腹内側部が健常に働く限り，一定のソマティックな反応が引き起こされ，その意思決定をしないように導くと考えるのである．

ダマシオらはそのことを確かめるために，ゲーム中に皮膚電気反応を記録してみた．すると予想どおり，あぶない組のカードをめくろうとするときに，健常者にはみられる皮膚電気反応が損傷患者にはみられなかった（Bachera et al., 1996）. 健常者において，こうした場合の身体的な反応は無意識的に生じるとされ，私たちの判断はよく無意識のうちにこの身体的反応の有無によって決定されると考えるわけである．

d. ソマティック・マーカーの機能的意義

私たちは日常生活において，数多くの選択肢に関してじっくり比較秤量し，合理的に推論し，最適なものを一つ選択するというような余裕はもっていない．ソマティック・マーカーは，その「素早く出る」という特性をいかし，合理的推論の前に適切なシナリオを自動的に検出し（じっくり考慮するに値しないものを即座に切り捨て），少数の選択肢から選べるようにしていると考えられている．つまりソマティック・マーカーはある行動とその帰結の対を迅速に拒否したり，支持したりすることにより，意思決定を援助していると考えるわけである．なお，信号に注意が向けられずそれが意識されない場合がむしろ多いのであるが，そうした場合にもこのメカニズムは働くと考えられている．

腹内側部が破壊されたエリオットのような患者においては，外部状況が認知されても通常なら生起するソマティック・マーカーが起こらないため，多数存在する選択可能性のある行動とその帰結が「同様な」情動的な意味や価値しかもたないことになり，その場合は意思決定の過程はもっぱら論理操作の過程となり，マーカーがあれば可能であるような迅速，適切な行動ができなくなると考えるわけである．

ダマシオの説は，思考における感情の果たす役割や，無意識的判断というものについて一つの神経的基礎を与えるもので，大いに注目を集めている．しかし，彼の説に批判がないわけではない．前頭連合野腹内側部の損傷患者では判断過程に障害があるとしても，この脳部位の働きによるソマティック・マーカーが，私たちの判断の過程に実際に重要な役割を果たしているのかどうかについては，皮膚電位反応による傍証がある程度で，実証されているとはいいがたい．

たとえば，脊髄損傷により抹消からのソマティックな信号が届かなくなった患者では，ソマティック・マーカーが働かないため意思決定に障害が出ると考えられる．しかしこうした患者でアイオワ・ギャンブル課題を使って調べた研究では，健常者と変わらない成績が得られている（North and Carroll, 2001）．もちろん脊髄損傷患者でも顔などの情報は脊髄を通らず脳に伝わるので，ソマティック・マーカーが脳に決して伝わらない，ということではないが，脊髄損傷患者のこのデータは仮説を支持するものではない．ダマシオはこうした場合には，前頭連合野腹内側部からの信号が抹消を通じて脳に戻るのではなく，この脳部位が，身体から発せられる変化の信号と同じものを他の脳の部位に伝えているという，「あたかもループ」（as if ループ）というものがあり，抹消からのフィードバックの有無そのものは本質的ではないというように仮説を変容している．

なお，最近の研究によると，前頭連合野腹内側部損傷患者は，確実な情報がないような条件での意思決定場面だけでなく，単純な「好き－嫌い」の判断にも一貫性のないことが示されている．検査対象者に食べ物，有名人，色見本紙につき，六つのなかから二つの間でどちらが好きかを何度も尋ねると，この脳部位の損傷患者では，反応の一貫性に乏しく，聞くたびに好みが変化する，というような傾向がみられる（Fellows and Farah, 2007）．これは，ソマティック・マーカーがないと適切な反応ができない，というような事態でなくても，損傷患者の判断に障害がみられることを示し，逆に損傷患者の不確定事態における意思決定の障害も，こうした好き－嫌いの判断の非一貫性の反映にすぎない可能性も指摘されている．

e. 道徳的意思決定と前頭連合野腹内側部

前頭連合野腹内側部損傷患者は道徳的な意思決定が健常人とは異なったものであることが知られている．道徳的意思決定について調べるために用いられるものに「トロリー課題」と呼ばれるものがある．これは次のようなものである．

たとえば，ブレーキが故障して走り続けている列車（トロリー）があるとする．列車の先に5人の人がいて，このままではその5人を殺すことになる．その5人がいる手前に分岐点があり，そこで進路を変更すれば，その先は1人の人がいるだけである．このような事態で，あなたなら進路変更をするかどうか（すればその1人は死ぬことになるが，5人は助かる）の判断を迫るのである．

一方，次のような選択場面もある．あなたは線路を見下ろす歩道橋にいるとしよう．進行中の列車の先には線路上で動けない5人が助けを求めている．その5人を助けるために，あなたができることがあるとしたら，歩道橋の上から，隣にいる人を線路上に突き落として列車を止めることしかない．このような事態で，5人を助けるために隣にいる1人の人の命を奪うべきか否かという判断を迫るのである．

多くの被験者は前者の問いには5人を助けるという，そして後者では5人を助けないという意思決定をする．後者では，自分の近くの人を自分の手で殺すか否か，というきわめて私的，個人的なディレンマとなっている．しかし前者では，自分が直接1人の人を殺すわけではなく，1人の人の死は全体としての利益から考えて出た結論（実利的判断）の帰結にすぎない，という「非個人的」なディレンマとなっている．個人的な道徳的ディレンマ事態では，「隣にいる人を突き落として殺す」というような思いにともなう無意識の「情動的反応」が大きな役割を果たして，そうしないような意思決定を促すのに対し，非個人的なディレンマ事態では，情動的要素は少なく，もっぱら認知的操作だけで結論を出すことになると考えられる．

前頭連合野腹内側部損傷患者においてトロリー課題下における意思決定について調べた研究によると，個人的ディレンマ事態では，健常人なら突き落とす相手に感情移入を起こし，論理的には最適解である「隣の人を突き落とす」という選択肢をとるのが困難になるのに，患者たちは感情に流されることなく，最適解を選ぶ割合が有意に高いことが示された（Koenigs et al., 2007）．これは，近くの人を突き落とす，という思いから生じるソマティック・マーカーが生じないために，論理解に導かれやすいのだと考えられている．

このトロリー課題における道徳的な意思決定に関係した fMRI 研究も行われている（Greene et al., 2001）．その研究によると，個人的なディレンマ事態では，何もしていない安静時に比べて，前頭連合野の内側部前部，後部帯状皮質，角回などの「情動」に関係する部位において活動性が高くなった．一方，非個人的なディレンマ事態においては，ワーキングメモリーで活性化することが知られている前頭連合野背外側部や，頭頂連合野で活性化がみられた．なお，個人的なディレンマ事態においても感情に支配されない「実利的な」判断をくだすようなときには，そうでないときより反応時間が長くなった．これは感情的な要因と，認知的な要因の間にある葛藤のために生じたと考えられる．このように，より「困難な」（葛藤が大きい）事態で「実利的な」判断をするときには，そうでないときに比べて前頭連合野背外側部，前部帯状皮質，後部帯状皮質，頭頂連合野下部などで活動が大きくなった（Greene et al., 2004）．

f.　相手の意図の判断と前頭連合野腹内側部

前頭連合野腹内側部損傷患者は基本的な「こころの理論」テストではおおむね障害を示さない．しかし何か都合が悪いことが起こったときの責任のありかに関し，それが偶然に起こったのか，意図的になされたのか，に関係した判断を求められると，健常人とは大きく異なった傾向を示す（Young et al., 2010）．

この研究では，「起こった事件がとくに問題ないものか，悪いことなのか」，という側面と「その事件は偶然に起こったのか，意図的になされたのか」という側面に関して四つの仮想的状況が設定された．ここで「悪い意図のもとになされた行為ではあっても結果的にはとくに問題が生じなかった」（たとえば，A さんは B さんを殺そうとして「毒」と書いてある粉を B さんのお茶に入れた．しかしその粉は実際は砂糖で，B さんを殺すことはなかった）という状況で，健常人なら A さんは「強く非難されるべき」と考えるのに，患者は「とくに非難する必要はない」という判断をする傾向にあった．一方，偶然の事故で悪い結果が生じてしまった（「砂糖」と書いてある容器に実は「毒」が入っていて，結果として A さんは B さんを殺してしまった）という事態では，健常人は「意図してやったことではないのだから」ということで A さんを強く非難することはないのに対し，損傷患者は先の例のような「意図して A さんを殺そうとして結果的に殺すことはなかった」という場合よりもAさんを非難すべき，という判断をする傾向がみられた．これは「AさんがBさんを殺そうとした」，という意図に関係して健常人なら強い情動が生起して，その情動がとくに意識されることもなく「非難する」という意思決定を導くのに対し，患者にはそうした情動が生じず，結果的にBさんに何も問題が起きなかったからいいではないか，という判断につながると解釈されている．この課題に関するfMRI研究（Young and Saxe, 2009）では，結果的には悪い結果は生じなくても，邪悪な意図に対して非難する割合が高いほど前頭連合野腹内側部の活性が大きいことも示されている．

g. 経済的意思決定と前頭連合野腹内側部

従来の経済学では，個人は自分の利益だけを考える，という前提から成るモデル（ホモエコノミクスモデル）でほぼ経済活動は説明できると仮定していた．しかし，意思決定に関するカーネマンらの研究（Tversky and Kahneman, 1974）に示されるように，経済的な判断にも経済「外」的な情動が大きく関係するのである．

たとえば，「最後通牒ゲーム」と呼ばれるゲームがある．これは次のようなものである．AさんとBさんの2人がいるとしよう．実験者がAさんに1万円を渡して，そのお金のうちの一部をBさんに渡してくれ，と頼む．AさんはBさんに1円を渡してもいいし，5千円を渡してもいい．Bさんは「Aさんが1万円をもらって，そのなかから一部を自分にくれる」という状況は理解している．

Aさんからいくらかを渡す，という申し出があったときに，Bさんはそれを受け入れてもいいし，拒否してもいい．受け入れればBさんはその額を受け取り，残りはAさんの取り分となる．拒否すれば2人とも0円になる，というゲームである．従来の「個人の利益」のみが経済的判断を決めるとする経済学の立場に立てば，Aさんはできるだけ多く自分のものにしようとするだろうし，AさんからBさんへ渡る金額が0円でない限り，Bさんは（それがどんな額でも）価値があると認めて受諾するだろう，と考える．ところが実際に実験をしてみると，Aさんが申し出るのが4千円程度以下の場合，Bさんは拒絶する場合が多いのである．拒絶すればBさんは1円ももらえないのであるから，理屈からいえば賢明な選択とはいえないことになる．しかし「不公平な」申し出に対しては，自分の取り分がなくなることがわかっていながら，そうした申し出は「許せない」という情動はどうしてもわき上がるようである．そしてその情動は，とくに意識されることなく「拒絶」という意思決定を導いていると考えられる．

前頭連合野の腹内側部の損傷患者が最後通牒ゲームではどのような判断をするのかを調べた研究によると（Koenigs and Tranel, 2007），患者は不公正な申し出にイライラや怒りを顕わにし，フラストレーションをコントロールすることができず，拒否率が高くなることが示された．不公正な申し出に対しても患者には「この申し出はひどい」というようなソマティック・マーカーが生じることはないので，理性的で利益優先の「受諾」判断がなされると予想されたのに，まったく逆の結果が得られたのである．この研究の著者たちによると，腹内側部の損傷患者は，「自分の個人的な利益」にかかわることがらになると大変感受性が高くなるが，個人的でないことがらには（ギャンブルゲームは個人的なことがらに関する判断を求められてはいない），感情反応が鈍くなる，と説明されているが，ソマティック・マーカー仮説を支持しない結果であることは確かである．

このゲームをしているときの脳をfMRIで調べたところ（Sanfey et al., 2003），不公正な申し出に対し脳の「島」と呼ばれる部位の前部と前部帯状皮質で活性化がみられた．島の活性化の大きさは不公正の程度が大きいほど大きかった．島は痛みを感じるときに活性化する部位である．前部帯状皮質は葛藤の検出に関係すると考えられており，この脳部位の活性化は，不公正な申し出は拒否したいという感情と，受諾しなければ自分の取り分はゼロになるという認知，という両者の葛藤状況を反映していると考えられる．なお，前頭連合野の背外側部は，不公正さの程度と関係なく，不公正な申し出があるとつねに活性化を示した．この脳部位は葛藤状況のなかで意思決定をしなければならない，という状況で重要な役割を果たすと考えられる．この研究で前頭連合野の腹内側部の活性化は報告されていない．この課題の遂行にソマティック・マーカーは重要な働きはしていないということになるのかもしれない．

なお，このゲームの相手（Aさんに相当する）はコンピュータで，プログラムに従ってある額の申し出をする，という条件にすると，申し出に相当する額がかなり小さくてもBさんの拒絶は少なくなった．申し出が公正か不公正かの判断には，相手が「ヒト」であるか否かが重要であることがわかる．

1.3 潜在的（Implicit）意思決定

意思決定とは一般に複数の選択肢があり，そのなかから最も望ましいものを主体的に選ぶこととされる．ところが，私たちは，そうした「これこれのなかから一つあるいは複数のものを選ぶ」という明示的（Explicit）意思決定をするだけでなく，よく非明示的あるいは潜在的（Implicit）意思決定を行っている．たとえば，「これこれのなかから何かを選ぶ」という場面では「何かを選ぶ」という行動をすることが明示的には求められているものの，ときに私たちは無意識のうちに「選択肢にないものを選ぶ，あるいは選択そのものをしない」，という選択をする場合がある．このように，明示的にはない選択肢について，いわば「意識的に行うわけではなく，何となく行う」ものを潜在的意思決定と呼ぶ．こうした潜在的意思決定には少なくとも3種類のものがある．一つが例にあげたような「明示的に呈示されている選択肢にはないものを選ぶ」，あるいは「選択そのものをするかしないか」にかかわる意思決定である．二番目がやはり明示的にはそうした選択肢はないが，「（選択）反応を早くするか，遅くするか」にかかわる意思決定である．三番目も明示的にはそうした選択肢は想定されていない「正しい選択反応をするか，誤った選択反応をするか」に関する意思決定である．つまり潜在的意思決定というのは，明示的に要求される反応や選択肢とは独立に，意図せずに異なったレベルの選択肢について行う意思決定のことである．重要なのは，その潜在的意思決定の背後に情動の働きがあることである．私たちの日常生活でも，「そうしよう」と意図的に行うわけではなくても，「気分がいいとついついふつうなら買わないものも買ってしまう」，「気分が沈んでいると，やることが遅くなる」，「働いても大して報われないことがわかっているとやる気が失せ，間違いが多くなる」，というような形で，「なんとなく（結果的に）」意思決定を行っていることがよくある．しかし，こうした事態は実験的にくわしく調べられることは少なく，潜在的意思決定について十分なデータがあるとはいえない．

一方，潜在的意思決定は動物でもみられる．ここではサルにおいてどのような事態で潜在的意思決定が生じるのかを述べるとともに，そうした潜在的意思決定にかかわる脳メカニズムについて考察する．

a. 報酬が期待できないときの潜在的意思決定

サルに課題を訓練し，その課題をサルが遂行する場合には，一般に正解に対して報酬が与えられる．しかし報酬がない試行を入れた課題も可能である．サルは報酬がない試行でも，そこで正解をしないと次の（報酬のある）試行に進めないために，やむなく報酬のない試行でも正解反応を行おうとする．そうした事態でのサルの反応を調べた筆者らの研究を紹介しよう（Kobayashi et al., 2006).

サルは眼球運動性の遅延反応課題を訓練された（図 1.2A）．①試行の初めにはモニター場面に注視点が現れ，それをサルが注視していると，②その試行が「報酬のある試行かない試行か」を示す「手がかり刺激」が呈示された．③ 0.5 秒後には後の反応の方向を示す「位置刺激」が呈示された．④位置刺激呈示後に数秒の「遅延期間」があった．⑤遅延期間終了の合図として注視点が消えるとサルはさきほど位置刺激が呈示されたところに目を動かすことを要求された．⑥眼球運動による反応後には正解の位置刺激が再度呈示されるとともに，報酬が予告された試行では正解するとそこで報酬が与えられ，報酬がないことが予告された試行

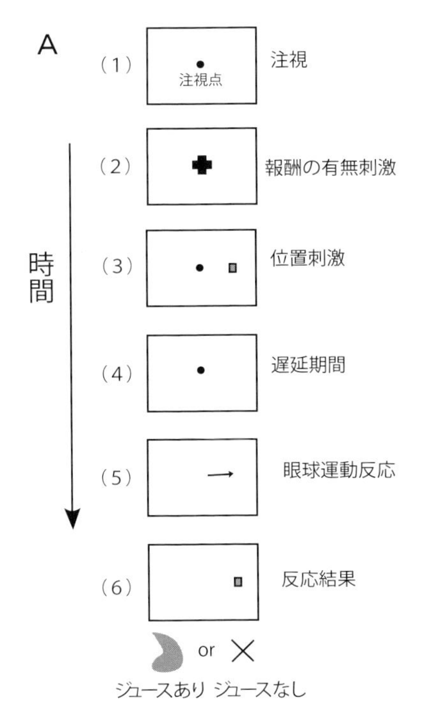

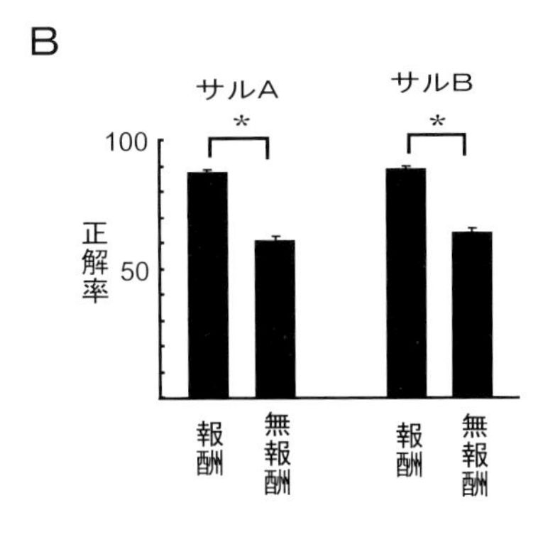

図 1.2 眼球運動性の遅延反応課題（A）と課題におけるサルの正解率（B）（Kobayashi et al., 2006，改変）

A：眼球運動性の遅延反応課題．説明は本文参照．B：2 頭のサル（A, B）それぞれの「報酬のある試行」と「報酬のない試行」における正解率．図の縦軸は正解率を示す．＊印は正解率に統計的有意差があることを示す．

では正解だという音刺激のみ呈示された．サルが誤りを犯すと同じ試行を再度遂行しなくてはならなかった．

この課題において，報酬試行では無報酬試行に比べサルの正解率は有意に高かった（図1.2B）．また，サルは注視を持続しなければならない遅延期間中に，ときどき注視をやめてしまうことがあったが，報酬がない試行では，報酬がある試行に比べ，そうした注視を途中でやめる割合が有意に多かった．注視を途中でやめると，サルはまた初めからその試行をしなくてはならなかったにもかかわらず，である．さらに，遅延期間終了の合図が出てから標的の位置に目を動かす速度は，報酬がある試行で報酬がない試行より有意に速かった．

この課題事態において，サルが限られた時間内に最も多くの報酬を得るための最上のストラテジーは，注視行動をきちんと行い，できるだけ早くかつ正しく反応することである．それは報酬が期待できる試行でもできない試行でも，同じである．エラーをしても，注視を途中でやめても，また初めから同じ試行を繰り返す必要があり，「報酬が期待できない試行でも正しく早く反応する」ことが，次の報酬のある試行に早く移行することにつながるからである．

それにもかかわらず，報酬が期待できない試行では，サルはその試行を続ける気がしなくなり，課題を続けるのをやめよう，急がずに反応しよう，あるいは正解することはやめよう，という潜在的（Implicit）意思決定をする傾向にあったといえる．これは，報酬が期待できない，という情動状態で，意図しないままそうした意思決定に導かれたものと考えられる．

b. 潜在的意思決定と前頭連合野ニューロン活動

次に同じく遅延反応課題（この実験では眼球運動ではなく，手を動かすことによりサルは反応した）で異なった魅力度の報酬が用いられたときにサルの反応時間を調べた筆者らの別の研究を紹介しよう（図1.3A）（Watanabe et al., 2001）．ここでは50試行のブロックごとに同じ報酬が用いられた．レーズンよりリンゴ，リンゴよりキャベツと，サルのより好んだ報酬が期待できるときに，反応時間は有意に短くなった（図1.3B）．ここでもサルが限られた時間内に最も多くの報酬を得る上で最上のストラテジーは，どんな報酬が用いられるときでも，できるだけ早くかつ正しく反応することであった（この実験ではサルはどんな報酬でもほぼ100%に近い正解率で反応した）．それにもかかわらず報酬の魅力度の違いに

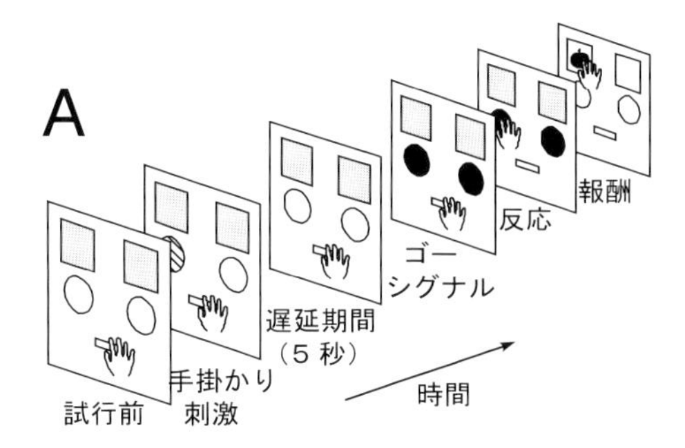

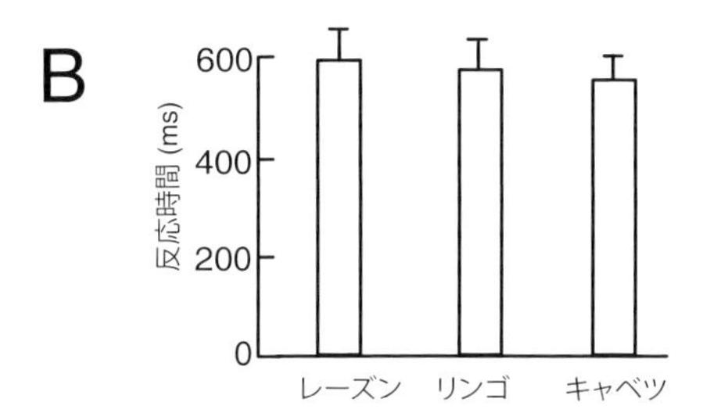

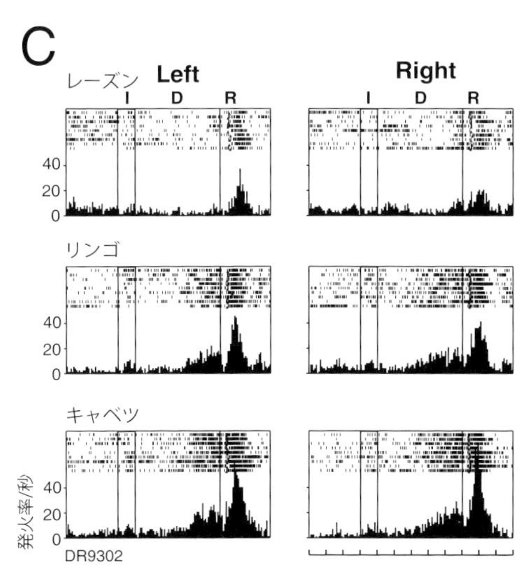

図 1.3 遅延反応課題（A），この課題における報酬の違いによるサルの反応時間の違い（B），報酬期待に関係する前頭連合野ニューロン（C）（Watanabe, 1996 および Watanabe, 2001，改変）

A：遅延反応の一試行．サルの前にパネルがあり，そこには二つの四角の「窓」と二つの丸い「キー」，それに一つの「ホールドレバー」がある．サルがホールドレバーを何秒か押していると（試行前），右か左の「キー」に赤いランプが 1 秒間点灯する（手がかり刺激）．その後 5 秒間の遅延期間がある．遅延期間終了までサルがホールドレバーを押し続けていると，左右のキーに同時に白いランプが点灯する．この合図（ゴーシグナル）に対してサルがホールドレバーから手を離して，手がかりが与えられた側のキーを押すと（反応），その上の窓が開いてあらかじめ用意してある餌が与えられる（報酬）．報酬としては，レーズン，リンゴ，キャベツなどが用いられた．約 50 試行を一つのブロックとして，同じブロック内では継続して同じ報酬が用いられた．

B：各報酬が用いられたときの（ゴーシグナル呈示からキー押しまでの）反応時間．各報酬間で反応時間には統計的に有意な違いがみられた．

C：報酬の違いにより，異なった遅延活動を示した前頭連合野ニューロンの例．ニューロン活動は報酬ごとに別々の点表示とヒストグラムで示す．“I” は手がかりの出ていた期間（1 秒）を，“D” は遅延期間（5 秒）を，“R” は報酬を，Left は左試行を，Right は右試行を示す．点表示の各列は各試行を表し，各点はニューロンの発火活動を示す．下のヒストグラムは点表示された活動を加算して示したものである．それぞれのブロックで用いられた報酬を左上に示す（レーズン，リンゴ，キャベツ）．時間スケールは 1 秒を示す．

基づく情動状態の違いにより，サルは「好みの報酬では早く，好みではない報酬の場合は急がずに反応する」という潜在的意思決定をしていたと考えられる．

図 1.3C は報酬期待に関係すると考えられる前頭連合野ニューロンの例である．このニューロンは，遅延期間中，レーズンよりリンゴ，リンゴよりキャベツと，サルのより好んだ報酬が期待できるときに，より大きな活動を示した（Watanabe, 1996）．

サルにはさらに「遅延つき報酬・無報酬課題」という課題を訓練して行動を調べたところ，報酬が期待できない試行ですら，「報酬試行ならもらえるはず」の報酬の魅力度を反映した潜在的意思決定がみられた．

実験では，報酬の有無を知らせる手がかり刺激に続く 5 秒間の遅延期間後にキー押し反応をする，という単純な反応時間課題をサルに訓練した（図 1.4A）．50 試行のブロックごとに異なった報酬を用いたが，どのような報酬を用いた場合でも，サルの反応時間は報酬試行で無報酬試行におけるよりつねに短かった（図 1.4B）．またサルの好みの報酬を用いたブロックにおいては，サルがあまり好まない報酬を用いたブロックにおいてより，サルの反応時間は有意に短かった（Watanabe et al., 2001）．興味あることに，無報酬試行においても，そのブロックで用いられた報酬の違いにより反応時間に有意な違いがみられた．すなわち，無報酬試行においては，そのブロックの報酬試行だったら与えられる報酬が水よりポカリスエット，ポカリスエットよりグレープジュースというようにサルのより好みのものであったときに反応時間はより短かった（図 1.4B）．ここでも，それぞれの報酬ブロックでは，報酬の魅力度に差があることから情動状態に違いが生じ，その結果，報酬がない試行ですら，その情動状態に影響されて反応時間にかかわる潜在的意思決定がなされていたと考えられる．

前頭連合野外側部には，この課題でも，遅延反応課題でみられたように，これこれの報酬がもらえるであろうという「報酬期待」に関係した活動を示すニューロンが多数見出された．それと同時に，反応しても報酬は得られないであろうという「無報酬の予期」に関係したニューロンが見出された（Watanabe et al., 2002）．

図 1.4C に示す前頭連合野ニューロンは遅延期間中，報酬が与えられない試行でより多くの活動を示すとともに，無報酬試行においては，そのブロックの報酬試行で与えられる報酬が水よりポカリスエット，ポカリスエットよりグレープ

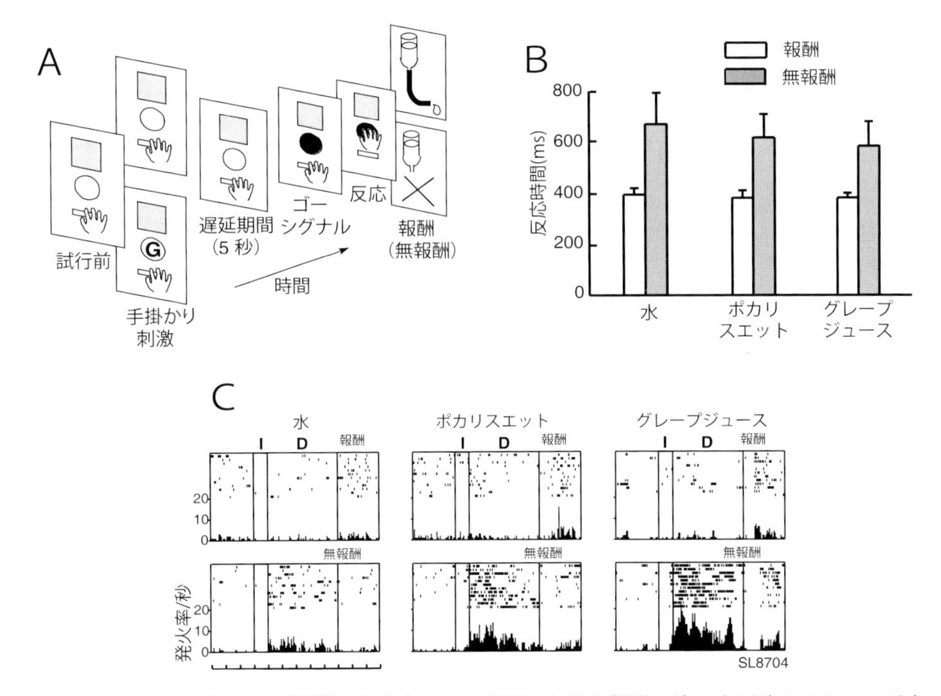

図 1.4　遅延つき報酬・無報酬課題（A），この課題における報酬の違いを反映したサルの反応時間（B），この課題における前頭連合野外側部ニューロンの例（C）（Watanabe et al., 2001, 2002，改変）

A：サルがホールドレバーを何秒か押していると（試行前），「キー」に赤，あるいは緑のランプが 1 秒間点灯する（手がかり刺激）．赤（R）は報酬試行，緑（G）は無報酬試行であることをサルに知らせる．その後 5 秒間の遅延期間がある．遅延期間終了までサルがホールドレバーを押し続けていると，キーに白いランプが点灯する．この合図（ゴーシグナル）に対してサルがホールドレバーから手を離して，キーを押すと（反応），報酬試行ではサルの口元にあるチューブから液体報酬が与えられるが，無報酬試行では何も与えられない．報酬として，水，ポカリスエット，グレープジュース（のそれぞれ約 0.3 ml）などが用いられた．約 50 試行を一つのブロックとして，同じブロック内ではつねに同じ 1 種類の報酬が用いられた．報酬試行と無報酬試行はランダムに現れたが，無報酬試行においても，サルは次の試行に進むためにキー押し反応をすることが求められた．

B：それぞれのブロックで用いられた報酬が水，ポカリスエット，グレープジュースのときの報酬試行（白抜き）と無報酬試行（灰色）におけるサルの反応時間を示す．どの報酬ブロックでも，報酬試行と無報酬試行の間では反応時間は有意に異なっていた．さらに報酬試行だけでなく，無報酬試行においても，報酬ブロックの違いにより，反応時間には統計的に有意な差が見られた．

C：無報酬の予期に関係した前頭連合野外側部ニューロンの例．ニューロン活動は報酬ごとに別々の点表示とヒストグラムで示す．"I" は手がかりの出ていた期間（1 秒）を，"D" は遅延期間（5 秒）を，「報酬」は報酬試行を，「無報酬」は無報酬試行を示す．その他の表示法は図 1.3 に同じ．

ジュースというように，サルのより好みのものであったときにより多くの活動を示した．無報酬試行ではどの試行でもまったく同じ「無報酬」という結果であったにもかかわらず，このニューロンは「もらえるとした場合の報酬」の魅力度に応じた情動の違いを反映した無報酬予期活動を示した．

こうしたニューロン活動のデータは，サルの潜在的意思決定に，前頭連合野のニューロン活動が関係していることを示している（Watanabe, 2009）．

c. 他のサルへの利他行動と潜在的意思決定

潜在的意思決定は，利他的行動に関してもみられる．ここでは，サルが報酬を得るために課題を行うときの，「他のサルに利益があるか否か」という利他性に関係した潜在的意思決定について調べた研究を紹介しよう．アッチら（Azzi et al., 2012）は，まったく同じ反応をしても，①自分だけが報酬をもらえる，②自分とともに，手前にいる自分より優位な別の一頭のサルも報酬がもらえる，③自分とともに，手前にいる自分より劣位な別の一頭のサルも報酬がもらえる，という三つの異なった文脈でサルに課題を行わせた．サルは，「同じ反応をすれば文脈にかかわらず自分は同じ報酬が得られる」のに，自分の反応で別のサルも報酬が得られるという条件では，「自分が正しく反応すれば関係のない目の前にいるサルが労せず報酬が得られる」，という考えにともなう情動により，誤りを犯すという潜在的意思決定をすることが多くなり，反応成績が悪くなった．

この課題下で前頭連合野眼窩部のニューロン活動が調べられたが，この部位のニューロンの多くは，自分だけが報酬がもらえる条件と，別のサルも報酬がもらえる条件では異なった活動を示し，さらに，自分の反応で報酬がもらえる別のサルが自分より劣位のときの方が，優位なときよりも，眼窩部ニューロンの活動は大きくなる傾向がみられた．つまり，社会的条件により眼窩部ニューロンの生理的報酬に対する応答性は異なったものになった．別のいい方をすれば，社会的条件の違いにより生理的報酬の価値が変わった（情動価が違った）と考えられる．サルの前頭連合野眼窩部ニューロンは，報酬の価値を反映した活動を示すことが知られている（Padoa-Schioppa and Assad, 2006）．アッチらの実験において，同じ生理的報酬でも，自分だけもらえる報酬の方が，他のサルも同じくもらえる報酬より価値が高いものになったと考えられ，前頭連合野眼窩部ニューロンはその情動価値を反映した活動を示したものと考えられる．

一方，「自分の反応で別のサルが報酬を得られたり，得られなかったりする」，という事態での反応を調べた研究もある．チャンら（Chang et al., 2011）は，2頭のサルのうち，1頭のサルのみが反応することができ（行為ザル），もう1頭のサル（受け身ザル）は行為ザルの反応によって報酬を得られたり，得られなかったりする，という事態を設定した．行為ザルは受け身ザルが報酬を得ているかどうかを見ることができる位置におかれ，眼球運動を調べた結果は，実際に受け身ザルが報酬を得ているときには行為ザルは受け身ザルを見ていることが示された．サルには三つの課題を訓練したが，ここではそのうちの「眼球運動性反応時間課題」と，「眼球運動性選択課題」のデータを紹介しよう．

前者の課題では，行為ザルがモニター上の注視点を見ていると，どのサルに報酬があるのか（あるいはないのか）に関する手がかり刺激がまず呈示され，その刺激が消えたときにモニター上のどこかに位置刺激が呈示されると，行為ザルはその位置に目を動かすことを要求された．いくつかの報酬随伴性のケースがあり，行為ザルが正しく目を動かすと，①自分だけ報酬が得られる，②自分と受け身ザルの両方がその報酬をもらえる，③自分は報酬がもらえず，受け身ザルだけが報酬をもらえる，④自分も受け身ザルもどちらも報酬がもらえない，という四つの報酬条件があった．正解率は①と②条件では差はみられなかった．先に紹介したアッチらの結果とは違い，ここでは自分が報酬をもらえる限りは，受け身ザルが報酬をもらうか，もらわないかは行為ザルが正しく反応しようという潜在的意思決定に影響を及ぼさなかった．③，④条件では，自分は正しく反応しても報酬をもらえることはなかったので，正解率は大きく減少した．注意すべきは，エラーをすると，5秒のタイムアウト（次の試行が始まるのが5秒間遅くなる）という罰が与えられたことである．つまり行為ザルにとっては，次の報酬がもらえる試行に早く進むために，③，④条件でも正解することが適切なストラテジーであったのに，報酬がもらえない，ということでエラーをする方向の潜在的意思決定が数多くなされたわけである．さらに③と④の間には，正解率において有意な差がみられた．すなわち同じく「正解をしても報酬はない」のにもかかわらず，行為ザルは受け身ザルが報酬をもらえるときに，もらえないよきより多くの正解をしたのである．これは行為ザルが「他のサルが報酬をもらえる」ということにともなう情動に関係して利他的行動をする方向の潜在的意思決定をしたと解釈することができる．

「眼球運動性選択課題」においては，行為ザルが注視点をみていると左右の2か所に弁別刺激が呈示された．行為ザルは目を動かすことによってどちらかを選ぶことを求められた．ここでは二つの条件でテストされた．(A) 条件では一方の選択肢を選ぶと自分だけが報酬をもらえたのに対し，もう一方の選択肢を選ぶと，自分と受け身ザルの両方が報酬をもらえた．(B) 条件では一方を選ぶと受け身ザルのみが報酬をもらえ，もう一方を選ぶと自分も受け身ザルもどちらも報酬がない，というものであった．(A) 条件では，行為ザルは（どちらを選んでも自分は同じ報酬をもらえるわけであるが）自分だけが報酬をもらえる選択肢を有意に多く選んだ．(B) 条件では，行為ザルは（どちらを選んでも自分は報酬をもらえないことでは同じであるが）受け身ザルが報酬をもらえる選択肢を有意に多く選んだ．どちらの条件でも，二つの選択肢のどちらが適解というわけではなく，どちらを選んでも行為ザルにとっては同じ反応結果になったのに，行為ザルは (A) 条件では，受け身ザルが報酬をもらえない方向の，(B) 条件では，受け身ザルが報酬をもらえる方向の，それぞれ潜在的意思決定をしたわけである．

どちらの条件においても，サルの動機づけレベル，他のサルへの利他性などさまざまなレベルで情動が潜在的意思決定に影響していたわけである．この課題下で前頭連合野のニューロン活動を調べた研究によると (Chang et al., 2013)，前頭連合野眼窩部のニューロンはもっぱら得られた報酬の魅力度を，前部帯状皮質のニューロンは報酬が自分に与えられたのか，他のサルに与えられたのか，だれにも与えられなかったのか，という側面をとらえた活動を示した．こうした前頭連合野ニューロンの働きにより，自分の報酬の有無，他者の報酬の有無がとらえられ，潜在的意思決定が促されたのではないかと考えられる．

d. 競争にともなう潜在的意思決定

情動を喚起する要因には多数のものがあるが，「競争」はその一つである．自然界の動物は，自らの生存のためと子孫を残すために，限られた資源の獲得競争に勝つことが求められている．勝ち組，負け組，といういい方があるように，人生においても競争は重要な意味があり，勝てばうれしい，負ければくやしい，という情動を喚起するし，競争事態は競争がない事態よりやる気を高める．ここでは，2頭のサルに対戦型シューティングゲームをさせたときにみられた潜在的意思決定について述べることにする (Hosokawa and Watanabe, 2012)．

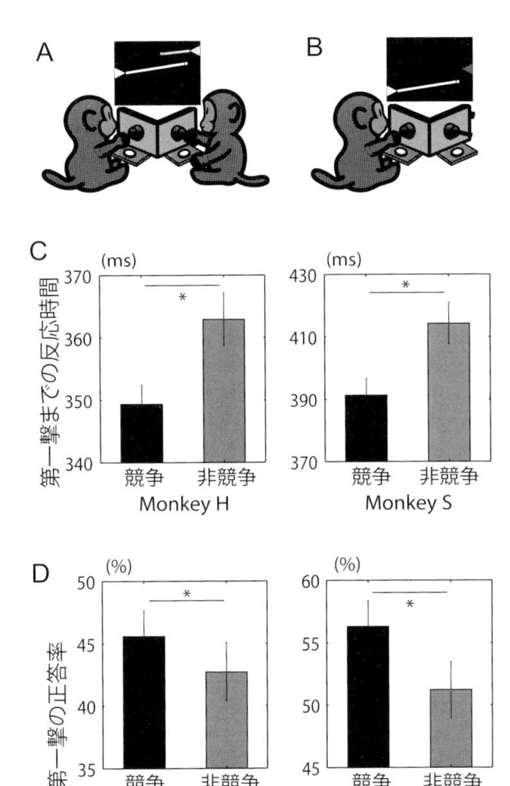

図 1.5　サルに行わせた2種類のゲーム（A, B）とそれぞれのゲームでの反応時間（C）と正答率（D）

A：2頭での競争ゲーム．2頭のサルはコンピュータモニターの前に並んで座った．ゲームではモニターの左右両端のランダムな位置に色のついた三角形が現れたが，この三角形は砲台を模していた．砲台の色（白または黄色）と各サルとの関係は固定していたので，それぞれのサルは手元にあるジョイスティックを傾けることにより，自分の色の砲台から相手の色の砲台（標的）を狙って弾を撃った．先に相手に弾を当てたサル（勝者）は報酬（ジュース）がもらえたのに対し，敗者となったサルは何ももらえなかった．

B：1頭での競争がないゲーム．ここでは1頭のサルだけが，相手側から弾が飛んでくることがない（負けるということがない）状況で赤色の標的に弾を撃った．サルは弾を当てると2回に1回のランダムな割合でジュースがもらえた．

C, D：競争があるゲームと競争がないゲームの間での反応の違い．2頭のサル（H, S）の第一撃までの反応時間（図C）と正答率（図D）を示す．どちらのサルも競争条件でより速く，かつより正確な反応をした（＊は統計的に有意な差であることを示す）．

サルはコンピュータモニター上でお互いが弾を打ち合い，勝ったサルは報酬（おいしいジュース）がもらえ，負けたサルは何ももらえない，という競争事態とした（図1.5A）．また，競争相手は存在せず，サルは1頭で標的に弾を当てるというゲームもさせた（図1.5B）．

他のサルとの競争があるゲームでは，ないゲームに比べ，サルが標的に弾を当てるまでの時間が短くなる（図1.5C）とともに，命中率も高くなった（図1.5D）．人は，スポーツやオークションといった他者と競争する場面では，熱くなって大いにやる気を出すが，サルにおいても競争条件ではよりゲームに熱中し，やる気が出るという情動状態が，より速く，より正確に反応しようという潜在的意思決定を促したと考えられる．注意すべきは，一定時間内にできるだけ多くの報酬を

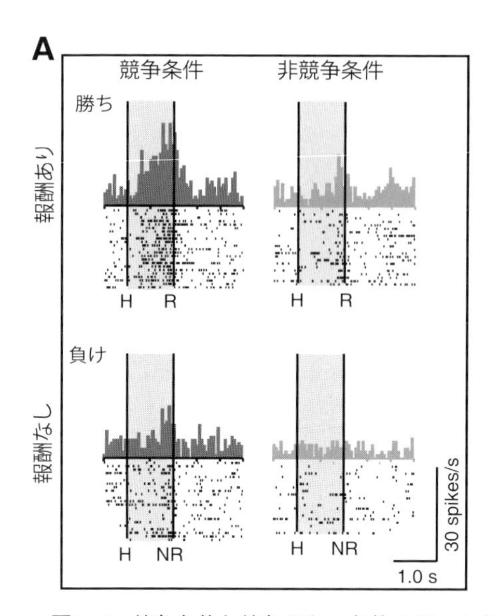

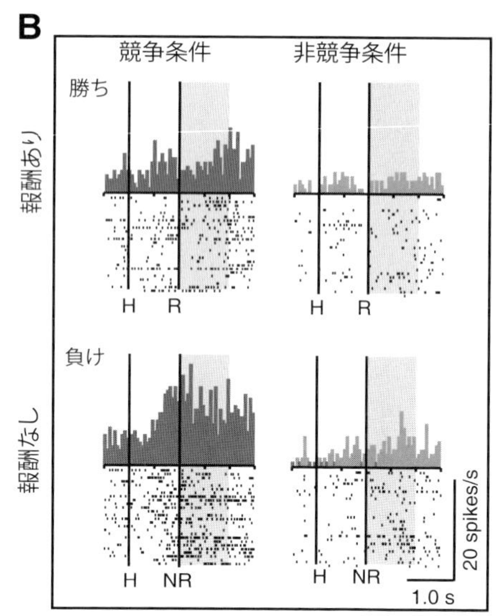

図 1.6　競争条件と競争がない条件でゲームをしたときのサル前頭連合野ニューロンの活動
A：同じジュース報酬でも競争条件で勝ってもらったときに非競争条件でもらったときより大きな活動を示したニューロンの例．B：同じくジュース報酬を得られない場合でも，競争で負けてもらえなかったときに，非競争条件でもらえなかったときより大きな活動を示したニューロンの例．A, B どちらの図においても，ニューロン活動はヒストグラム（上）とラスター（下）で示す．ラスター表示の各列は各試行を，各点はニューロンの発火活動を示す．H は弾が標的にあたった時点を，R はジュースが与えられた（NR は与えられなかった）時点を示す．ヒストグラムはラスターを加算したものである．影をつけた部分は競争条件と非競争条件でニューロン活動に最も大きな違いが見られた期間を示す．

得るためには，競争条件でも競争がない条件でも同じようにできるだけ早くかつ正確に反応するのが適切なストラテジーであるということである．それにもかかわらず競争にともなう情動に依存してこうした潜在的意思決定が促されたと考えられる．

このゲームを行っているサルの前頭連合野外側部のあるニューロンは，同じ報酬でも，競争で勝って得たときには競争なしに弾を当てて得たときより，大きな活動変化を示した（図 1.6A）．また別のニューロンは，競争で負けて報酬が得られなかったときには，競争のない条件で報酬が得られなかったときより大きな活動変化を示した（図 1.6B）．こうした結果は，前頭連合野のニューロンが，競争条件と非競争条件で報酬の有無に関して異なったとらえ方をしていることを示している．

サルの前頭連合野外側部ニューロンは，より価値が高く好ましい報酬が得られるときには，より大きな活動変化を示すことが知られている（Watanabe, 1996; Watanabe et al., 2002）．私たちは何かほしいものがあるとき，他の人もほしがっていることを知ると，余計にほしくなる，すなわち，そのものの価値が高くなるのを感じる．サル前頭連合野でみられた勝ち･負けをとらえるニューロン活動は，競争にともなう欲求の高まりにより，報酬の価値が高くなったことを反映しているのではないかと考えられる．すなわち，勝って報酬をもらえば，高価値のものを得たことによるうれしさを，負けて報酬がもらえなかったときには価値が高くなった報酬を得られなかったことで感じる大きなくやしさを前頭連合野ニューロンは反映しているのではないかと考えられ，そうしたメカニズムが反応時間や正解率における潜在的意思決定を促したのではないかと考えられる．　［渡邊正孝］

文　　献

Azzi JC, Sirigu A, Duhamel JR：Modulation of value representation by social context in the primate orbitofrontal cortex. *Proc Nat Acad Sci USA* **109**, 2126-2131, 2012.

Bechara A, Tranel D, Damasio H, Damasio AR：Failure to respond autonomically to anticipated future outcomes following damage to prefrontal cortex. *Cereb Cortex* **6**, 215-225, 1996.

Betsch T, Hoffmann K, Hoffrage U, Plessner H：Intuition beyond recognition：When less familiar events are liked more. *Exp Psychol* **50**, 49-54, 2003.

Chang SW, Gariépy JF, Platt ML：Neuronal reference frames for social decisions in primate frontal cortex. *Nature Neurosci* **16**, 243-250, 2013.

Chang SW, Winecoff AA, Platt ML：Vicarious reinforcement in rhesus macaques（*Macaca mulatta*）. *Frontier in Neurosci* **5**, 27, 2011.

Clore GL, Huntsinger JR：How emotions inform judgment and regulate thought. *Trends in Cogn Sci* **11**, 393-399, 2007.

Damasio AR：Descartes' Error：Emotion, Reason, and the Human Brain, Putnam Publishing, New York, 1994.（田中三彦訳：生存する脳―心と脳と身体の神秘，講談社，2000）

Damasio AR：Feeling of What Happens：Body and Emotion in the Making of Consciousness, Harcourt, New York, 1999.（田中三彦訳：無意識の脳 自己意識の脳―身体と情動と感情の神秘，講談社，2003）

Dutton DG, Aron AP：Some evidence for heightened sexual attraction under conditions of high anxiety. *J Personality Social Psychol* **30**, 510-517, 1974.

Estrada CA, Isen AM, Young MJ：Positive affect facilitates integration of information and decreases anchoring in reasoning among physicians. *Organizational Behavior and Human Decision Processes* **72**, 117-135, 1997.

Fellows LK, Farah MJ：The role of ventromedial prefrontal cortex in decision making：Judgment under uncertainty or judgment per se?　*Cereb Cortex* **17**, 2669-2674, 2007.

Gazzaniga MS, LeDoux JE：The Integrated Mind, Plenum Press, New York, 1978.（柏原恵龍ほか訳：二つの脳と一つの心, ミネルヴァ書房, 1980）
Greene JD, Nystrom LE, Engell AD, Darley JM, Cohen JD：The neural bases of cognitive conflict and control in moral judgment. *Neuron* **44**, 389–400, 2004.
Greene JD, Sommerville RB, Nystrom LE, Darley JM, Cohen JD：An fMRI investigation of emotional engagement in moral judgment. *Science* **293**, 2105–2108, 2001.
Hosokawa T, Watanabe M：Prefrontal neurons represent winning and losing during competitive video shooting games between monkeys. *J Neurosci* **32**, 7662–7671, 2012.
Johansson P, Hall L, Sikström S, Olsson A：Failure to detect mismatches between intention and outcome in a simple decision task. *Science* **310**, 116–119, 2005.
Kobayashi S, Nomoto K, Watanabe M, Hikosaka O, Schultz W, Sakagami M：Influences of rewarding and aversive outcomes on activity in macaque lateral prefrontal cortex. *Neuron* **51**, 861–870, 2006.
Koenigs M, Tranel D：Irrational economic decision-making after ventromedial prefrontal damage：Evidence from the Ultimatum Game. *J Neurosci* **27**, 951–956, 2007.
Koenigs M, Young L, Adolphs R, Tranel D, Cushman F, Hauser M, Damasio A：Damage to the prefrontal cortex increases utilitarian moral judgements. *Nature* **446**, 908–911, 2007.
Lerner JS, Gonzalez RM, Small DA, Fischhoff B：Effects of fear and anger on perceived risks of terrorism：A national field experiment. *Psychol Sci* **14**, 144–150, 2003.
Lighthall NR, Mather M, Gorlick MA：Acute stress increases sex differences in risk seeking in the balloon analogue risk task. *PLoS ONE* **4**(7)：e6002, 2009.
McNulty JK, Olson MA, Meltzer AL, Shaffer MJ：Though they may be unaware, newlyweds implicitly know whether their marriage will be satisfying. *Science* **342**, 1119–1120, 2013.
Milgram S：Behavioral study of obedience. *J Abnorm Social Psychol* **67**, 371–378, 1963.
Mosier KL, Fischer UM：The role of affect in naturalistic decision making. *J Cogn Eng Decis Making* **4**, 240–255, 2010.
North NT, O'Carroll RE：Decision making in patients with spinal cord damage：Afferent feedback and the somatic marker hypothesis. *Neuropsychologia* **39**, 521–524, 2001.
Padoa-Schioppa C, Assad JA：Neurons in the orbitofrontal cortex encode economic value. *Nature* **441**, 223–226, 2006.
Porcelli AJ, Delgado MR：Acute stress modulates risk taking in financial decision making. *Psychol Sci* **20**, 278–283, 2009.
Sanfey AG, Rilling JK, Aronson JA, Nystrom LE, Cohen JD：The neural basis of economic decision-making in the Ultimatum Game. *Science* **300**, 1755–1758, 2003.
Schwarz N：Feelings as information：Informational and motivational functions of affective states. In Handbook of Motivation：Foundings of Social Behavior, Vol. 2（Higgins ET, Sorrentino RM eds), Guilford Press, New York, NY, pp. 527–561, 1990.
Schwarz N, Clore GL：Mood, misattribution and judgments of well-being：Informative and directive functions of affective states. *J Personality and Social Psychol* **45**, 513–523, 1983.
Seo M-G, Barrett LF：Being emotional during decision-making：Good or bad? An empirical investigation. *Acad Manag J* **50**, 923–940, 2007.
Toversky A, Kahneman D：Judgment under uncertainty：Heuristics and biases. *Science* **185**, 1124–1131, 1974.
Watanabe M：Reward expectancy in primate prefrontal neurons. *Nature* **382**, 629–632, 1996.

Watanabe M : Role of the primate lateral prefrontal cortex in integrating decision-making and motivational information. In Handbook of Reward and Decision Making (Dreher J-C, Tremblay L eds), Ch. 4, Academic Press, Oxford, pp. 79-96, 2009.

Watanabe M, Cromwell HC, Tremblay L, Hollerman JR, Hikosaka K, Schultz W : Behavioral reactions reflecting differential reward expectations in monkeys. *Exp Brain Res* **140**, 511-518, 2001.

Watanabe M, Hikosaka K, Sakagami M, Shirakawa S : Coding and monitoring of motivational context in the primate prefrontal cortex. *J Neurosci* **22**, 2391-2400, 2002.

Young L, Bechara A, Tranel D, Damasio H, Hauser M, Damasio A : Damage to ventromedial prefrontal cortex impairs judgment of harmful intent. *Neuron* **65**, 845-851, 2010.

Young L, Saxe R : Innocent intentions : A correlation between forgiveness for accidental harm and neural activity. *Neuropsychologia* **47**, 2065-2072, 2009.

依存症と意思決定

ーとらわれた意志ー

2.1　依存症とはどんな状態か

a.　意思決定と依存症

われわれの日常生活は意思決定の連続である．昼食に何を食べるかといったような小さなことから，就職先をいかに選ぶかといった大きなことまで，われわれはつねに決断を迫られ，決断しながら生きている．

このような意思決定は，おおむね合理的に行われるものと考えられている．つまり，人間は状況に照らして適切な行動をし，利得を最大にし，損失を最小にするように行動しているとわれわれは思っている．このような信念が現代の人間観を支えてきた土台であった．しかし，現在ではその人間観がゆらいでいる．われわれは風評やうわさを信じ，思い込みによっておろかな行動をする．いくつか例をあげてみよう．

選挙で政治家を選ぶというと，最も合理的な判断をしなければならない場面のひとつであろう．われわれは選挙公報を読み，候補者の政策を知り，自分にとって最も良さそうな行動をしてくれそうな候補者に一票を投じる……はずなのだが，実はそうではない．これは米国で行われた研究だが，候補者とは遠い地域に住んでいて，所属政党も政策も知らない人を対象に，実際の選挙に立候補した人の顔写真を見せ，「どの候補者の顔が有能に見えますか？」と尋ねたところ，顔だけを手がかりにしているにもかかわらず，なんと，実際に当選した人の70％をいいあてることができたのである（Todorov et al., 2005）．顔以外の情報は何も与えていないのに，かくも予測率が高いということは，われわれは政治家を顔で選んでいるということなのである．

もうひとつの例をあげよう．異性愛の男性被験者に「気持ちの良くなる写真」（性的な喚起を高めるようなカップルの写真だったという）と四角や三角などのただの図形，「不快な写真」（クモやヘビ）を見せ，投機ゲームのような課題を行わせると,「気持ちの良くなる写真」を見せられたときにはリスクの大きな「賭け」に積極的になり，投機的な行動が多くなったという（Kutson et al., 2008）．投資は損得を冷静に考えなければならない場面のはずだが，かくも簡単な操作でその行動が左右される．そういえば，自動車や不動産のような巨額の買い物をさせる店には消費者の機嫌を良くするような仕掛けが多くある．

われわれの意思決定は想像以上に「好み」や「気分」のバイアスを受けている．こうした例は，人間の愚かさを物語っているように見えるが，実はそれだけの意味ではない．「状況に照らして適切」といったときの「状況」が客観的な情勢ばかりでなく，そのときの気分までも含むこと，同様に,「損失」や「利得」といった場合にも，実際に重要なのは「損をした感じ」,「得をした気分」といった感情であることが重要なのである．見かけの愚かさを通じてわれわれは深い人間理解に到達することができる．

そのための格好の教材になるのが，いわゆる「心の病気」である．たとえば，不安にとらわれていると，大きな冒険をする気にはならず，安全第一の行動を心がけるであろう．憂うつな気分のときには，娯楽のために出費しようとは思わないであろう．本章で取り上げる「依存症」もそのような心の病気の一つである．本章では依存症を手がかりにして，情動と意思決定の問題について考えてみる．

意思決定との関係を考えると，依存症は単なる心理的な病理のひとつのトピックにとどまらない重要性をもっている．つまり，不安にせよ抑うつにせよ，どのような「心の病気」にも意思決定のバイアスが見られるのであるが，そのバイアスは基本的に自分を守るため，自分にとって辛い状況に何とか対応するための防衛策である．ところが依存症は「自分自身を壊す行動」に接近するのである．いったいどうしてこんなことが起こるのだろうか．依存症に見られる意思決定のバイアスとはどんなものなのだろうか．

b.　依存症とはどんなものか

依存症を一言でいうと，「何かがやめたくてもやめられない病気」ということになる．もう少し専門的な言葉を使うと，何かの対象に対して「強迫的な欲求」が存在している状態が依存症である．依存症のいろいろな特徴はほとんどすべてこの「強迫的な欲求」から派生している．

すべての心の病気がそうであるように，依存症の場合も正常と病態の区別をつけるのは難しい．たとえば，酒を飲むのは日常生活のなかで成人がふつうに行うことである．その行為がどうなったときに「アルコール依存」なのだろうか．これについては専門の医療機関によって表2.1のような基準がつくられている（樋口，2007）．しかし，これを見ると日常的な飲酒習慣のある人の多くがあてはまるようにも思える．こうした診断基準は社会的な規範の影響を受ける．そのことは意思決定の合理・不合理を考えるときに重要なので，後でまた触れる．

「依存」という概念は，本来はアルコール，麻薬，覚せい剤，幻覚薬といった薬物（化学物質）に対して使われるものであった．人がこうしたもののとりこになり，強迫的な欲求を生じるようになった状態を依存と呼んだのである．薬物に対する依存には表2.2のような特徴がある（American Psychiatric Association,

表 2.1 新久里浜式アルコール症スクリーニングテスト（樋口，2007）

最近6カ月の間に，以下のようなことがありましたか？	はい	いいえ
男性版		
食事は1日3回，ほぼ規則的にとっている	0点	1点
糖尿病，肝臓病，または心臓病と診断され，その治療を受けたことがある	1点	0点
酒を飲まないと寝つけないことが多い	1点	0点
二日酔いで仕事を休んだり，大事な約束を守らなかったりしたことがある	1点	0点
酒をやめる必要性を感じたことがある	1点	0点
酒を飲まなければいい人だとよくいわれる	1点	0点
家族に隠すようにして酒を飲むことがある	1点	0点
酒が切れた時に，汗が出たり，手が震えたり，イライラや不眠など苦しいことがある	1点	0点
朝酒や昼酒の経験が何度かある	1点	0点
飲まない方がよい生活が送れそうだと思う	1点	0点
女性版		
酒を飲まないと寝つけないことが多い	1点	0点
医師からアルコールを控えるように言われたことがある	1点	0点
せめて今日だけは酒を飲むまいと思っていても，つい飲んでしまうことがある	1点	0点
酒の量を減らそうとしたり，酒を止めようと試みたことがある	1点	0点
飲酒しながら，仕事，家事，育児をすることがある	1点	0点
私のしていた仕事をまわりの人がするようになった	1点	0点
酒を飲まなければいい人だとよくいわれる	1点	0点
自分の飲酒についてうしろめたさを感じたことがある	1点	0点

男性版は合計が4点，女性版は合計が3点以上だとアルコール依存症の疑いがある．

表 2.2 薬物依存の診断基準（American Psychiatric Association（2013）に基づいて作成）

以下のような問題が 12 カ月以内に二つ以上生じ，臨床的に重大な問題や苦痛を引き起こしている	
1	当初のつもりよりも大量に，あるいは長期にわたって物質を使用してしまう
2	使用の量を減らしたい，コントロールしたいという持続的な願望がある．あるいは，それを試みて失敗した経験がある
3	入手や使用のため，あるいは影響から回復するためといったような活動に費やす時間が増えている
4	渇望，強い欲求や衝動が認められる
5	職場や学校，家庭での重要な義務や責任を果たせないという事態が繰り返されている
6	社会的問題や対人関係の問題が持続的あるいは繰り返し引き起こされたり，悪化したりしているにもかかわらず，使用が続いている
7	物質使用のために重要な社会的活動や職業的活動，余暇活動への参加をやめたり，減らしたりしている
8	身体的に危険を伴う状況でも物質使用を繰り返す
9	物質使用によって，身体的もしくは心理的な問題が生じたり，悪化したりする事態が続いたり，繰り返されたりすることを知っていながら，物質使用が続いている
10	耐性が認められる（求める効果を得るための物質の量が著しく増える，あるいは同じ量を使い続けていると効果が著しく減少している）
11	離脱症状が認められる（その物質に特異的な離脱症状がある．離脱症状を軽減したり回避したりするために，同じ物質や似たような物質を使う）

2013）．

この表を意思決定という観点から眺めてみよう．まず,「はじめのつもりよりも薬物の量が増えたり摂取頻度が増えたりする」という特徴がある．自分の想定がいつのまにか凌駕されてしまうということである. ここに自覚的な意志と, 自覚できない源泉から生じてくる現実の欲求との乖離を見てとることができるだろう．

次に，薬物を摂取するために多大な時間や労力をかける，家庭生活・学業・職業生活などが犠牲になるという特徴がある. これらは明らかに, 自分の行動レパートリーのなかで薬物を求める活動が優位に立ち，その他の行動が劣位にまわったという意味である．ここに意思決定の偏り（バイアス）を見るのは難しいことではない．

さらに,「薬を使うと体に悪いとわかっているときにも使う」という特徴もある．これは自分にとってのリスクが正しく評価できていないという意味に受け取ることができる．

もちろんこの三つだけが問題なのではないが，これらは依存症における意思決定の偏りを表す三大徴候である．

ここで，依存症を起こす薬物の特徴について触れておこう．依存症が問題となる薬物には，大きく分けて中枢神経系に対して抑制作用を示すもの（「ダウナー系」などと呼ばれる）と興奮作用を示すもの（「アッパー系」などと呼ばれる）がある（表2.3）（和田，2000）．これらのすべては強迫的な欲求を起こす．これを「精神依存形成能」という．

静穏作用を示す薬物の多くを常習的に使用した場合，血中濃度が急激に低下すると退薬症候という身体的異常が起こる．これは体内につねに一定以上の濃度の薬物が存在することに生体が適応した結果である．この状態を「身体依存」といい，身体依存を起こす作用を「身体依存形成能」という．表を見ると覚せい剤など興奮系の薬物には身体依存形成能がないことになっている．これは覚せい剤で禁断症状が起こると信じられている常識からすると奇妙に見えるかもしれない．たしかに覚せい剤を使用した後には，覚せい剤の作用とは逆方向の症状，すなわち極度の疲労，激しい眠気，重度の抑うつ状態などが現れる．しかしこれは「離脱症状」といい，身体依存に基づく禁断症状とは違うものである．ただし，最近では臨床的には離脱症状と禁断症状を厳密には区別せず，離脱症状のなかに禁断症状も含めて考えている．

また，表には「精神毒性」という項目もある．これが薬物依存の問題になるところである．精神毒性とは脳に対する急性・慢性の中毒症状を起こす性質であり，このような症状には意欲の低下や認知機能の低下，人格の変化，物質によっては幻覚や妄想といった精神病状態などがある．ひとたび精神病状態が生じると，脳に器質的な変化が生じているか，神経系の機能に永続的な変化が起こっているか，いずれにせよ回復はきわめて難しい状況になる．

近年，依存症の概念は薬物を超えて拡大される傾向にある．

米国精神医学会による精神医学の診断基準DSM-5では「ギャンブル障害」が薬物依存や薬物乱用（物質使用障害）と同じカテゴリーに含められた．たしかに，生活が成り立たなくなるほど借金がかさんでいるのにギャンブルを続ける心理は，「はじめのつもりよりもエスカレートした」，「その行為が生活のなかで優位に立っている」，「悪いとわかっていてもやめられない」という三大特徴を満た

表 2.3 おもな依存性薬物の特徴（和田，2000，改変）

中枢作用	薬物のタイプ	精神依存	身体依存	耐性	精神毒性	乱用時のおもな症状	離脱時のおもな症状
抑制	あへん類（ヘロイン・モルヒネ等）	＋＋＋	＋＋＋	＋＋＋	－	鎮痛，縮瞳，便秘，呼吸抑制，血圧低下，傾眠	瞳孔散大，流涙，鼻漏，嘔吐，腹痛，下痢，焦燥，苦悶
抑制	バルビツール類（麻酔薬）	＋＋	＋＋	＋＋	－	鎮静，催眠，麻酔，運動失調，尿失禁	不眠，振戦，痙攣発作，譫妄
抑制	アルコール	＋＋	＋＋	＋＋	＋	酩酊，脱抑制，運動失調，尿失禁	発汗，不眠，抑うつ，振戦，吐き気，嘔吐，痙攣発作，繊毛
抑制	ベンゾジアゼピン類（抗不安・睡眠薬）	＋	＋	＋	－	鎮静，催眠，運動失調	不安，不眠，振戦，痙攣発作，繊毛
抑制	有機溶剤（トルエン・シンナー・接着剤等）	＋	±	＋	＋＋	酩酊，脱抑制，運動失調，幻覚	不安，焦燥，不眠，振戦
抑制	大麻（マリファナ・ハシシ）	＋	±	＋	＋	眼球充血，感覚変容，情動の変化，幻覚	不安，焦燥，不眠，振戦
興奮	コカイン	＋＋＋	－	－	＋＋	瞳孔散大，血圧上昇，興奮，けいれん発作，不眠，食欲低下	脱力，抑うつ，焦燥，過眠，食欲亢進
興奮	アンフェタミン類（覚せい剤，MDMA 等）	＋＋＋	－	＋	＋＋＋	瞳孔散大，血圧上昇，興奮，不眠，食欲低下，MDMA では幻覚	脱力，抑うつ，焦燥，過眠，食欲亢進
興奮	LSD	＋	－	＋	±	瞳孔散大，感覚変容，幻覚	不明
興奮	ニコチン（たばこ）	＋＋	±	＋＋	－	鎮静あるいは発揚，食欲低下	不安，焦燥，集中困難，食欲促進

＋の数や±，－は相対的，総合的な強さを表す．

すものであろう.「ギャンブル障害」はこれまで「病的賭博」と呼ばれ,「衝動制御の障害」に含められていたが, このカテゴリーに含まれる他の問題行動, たとえば放火の癖や自分の毛を抜く癖などとギャンブル問題が併発する例は少なく, むしろアルコール依存や他の薬物使用との併発例が多かった. それも一因となって, ついに「依存症」の仲間入りを果たしたのである. さらにこのカテゴリーには「インターネット・ゲーム依存」を含めるかどうかを研究・検討することになっている.

現在では, このような「非物質依存」の深刻さが広く認識されるようになり, 依存症の対象に含める範囲が拡大しつつある. メンタル・ヘルスケアの専門家のなかには, リストカットのような自傷行為や過食, 買い物のやりすぎ(浪費)といった行為, ストーカー行為やドメスティック・バイオレンスのように歪んだ人間関係も, 広い意味では依存症の一種であるという意見をもつ人もいる. たしかに, これらは「やめたくてもやめられない」という臨床像は依存症に似ている. また, 認知行動療法という治療法が有効である点も依存症と共通といって良い. もちろん, 基礎研究の立場からは, 脳で起こっている出来事まで薬物依存と共通なのか, ギャンブルやセックスに薬物と同じような作用があるといえるのかといった疑問はある. しかし, 意思決定の偏りという点ではたしかに類似性がある. いろいろな「依存症候補」における意思決定の特徴を研究することによって, 逆に, 多様な「依存症候補」をどこまでひとくくりにできるのかがわかるかもしれない.

c. 依存症の理解はどのように進んできたか

非物質依存の問題は重要ではあるが, 本章ではこれまでの研究の蓄積が多い薬物依存を中心に述べることにする.

薬物依存は, 20 世紀の前半までは依存者の性格や意志の問題, つまり特異的な脆弱性をもった人の問題と考えられていた.

しかし, 1950 年代から 1960 年代にかけて「行動薬理学」という新しい学問が生まれ, 人間の精神や動物の行動に対する薬物効果が実験的に研究されるようになると, 人間が薬物依存になる第一の原因は薬物に固有の活性があることが明らかになった.

このために功績のあった実験を「薬物の自己投与」という. この実験は図 2.1 のようなセッティングで, 静脈にカテーテルを留置した動物をレバースイッチの

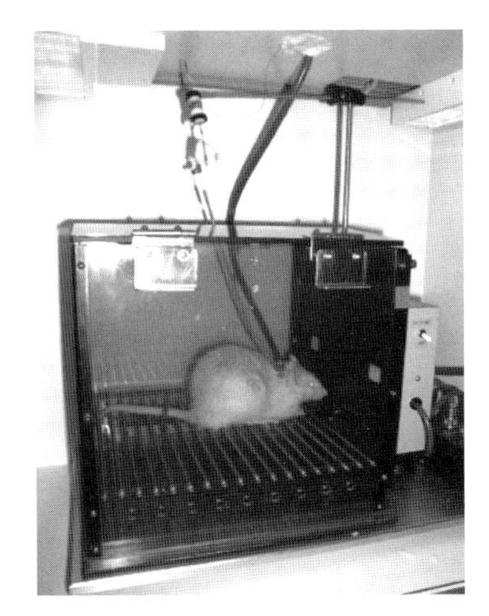

図 2.1　薬物の自己投与実験
動物の頸静脈に細いカテーテルが植え込んである．動物を入れた箱には小さなスイッチがあり，動物がそのスイッチを押すとポンプが動いてカテーテルから小量の薬液が注入される．

ついた箱のなかに入れ，動物がスイッチを押すとポンプが作動して，一定量の薬物が静脈内に注入されるようにしたものである．動物が自分で自分に薬物を注射するように見えるので「自己投与」という．

人間に乱用され，依存症を起こす薬物のほとんどは，ラットやサルのような実験動物でも自己投与を起こす．スイッチ押しの頻度は増加した後に安定する薬物もあり，けいれんのような有害事象が起こるまで天井知らずで増えていく薬物もある．こういう薬物には「強化効果」があるという．いずれにせよ，実験動物に性格や意志の問題があるとは考えられず，動物は人間よりもはるかに健康な状態に維持されているわけで，そのような動物でもアルコール，ニコチン，コカイン，モルヒネ，覚せい剤（アンフェタミン類）といった薬物を「ほしがる」ようになる．

この実験が行われるようになるまでは，人間が薬物依存になるメカニズムは禁断症状の苦痛から逃れるため，すなわち，ある程度薬物を経験した人が禁断（離脱）の苦しみを味わうことによって，次々に薬物がほしくなることが主因だと考えられていた．しかしそうではなく，ある種の薬物は禁断症状がないのに欲求を起こすことが明らかになった．

そうなると今度は，どのようなメカニズムで薬物が自己投与を起こすのかが問題になる．このことについて決定的な証拠を見つけたのが，イタリアのGaetano Di Chiaraである．Chiaraは半透膜でつくった細いチューブをラットの脳内に植え込み，ゆっくりとリンゲル液を灌流して，チューブ周辺にある脳内の化学物質を回収して分析した（微小透析法（マイクロダイアリシス）という）．この実験によって，モルヒネとアンフェタミン（覚せい剤）が「側坐核」という部位のドーパミンの遊離量を増やすことを確認した（Di Chiara and Imperato, 1988）．モルヒネと覚せい剤は薬理学的な性質が異なっている．異なっているにもかかわらず，側坐核のドーパミンを増やすという共通の性質をもっている．この性質が動物の自己投与，ひいては人間の依存症の基礎と考えられた．

側坐核は図2.2のように中脳の腹側被蓋野からドーパミン作動性神経の投射を受けている．モルヒネは腹側被蓋野の神経活動を抑制しているGABA作動性神経の力を弱める．抑制を弱めるので，結果として側坐核のドーパミン放出が盛んになる．覚せい剤は側坐核に作用して，シナプスに放出されたドーパミンが回収されるのを妨げる．その結果シナプスでのドーパミンの遊離量が増える．後の研究によってコカイン，ニコチン，トルエン（シンナーの成分）などもこのような作用をもっていることが明らかになった．

このドーパミン作動性神経は，別名「脳内の報酬系」と呼ばれ，食物や繁殖相

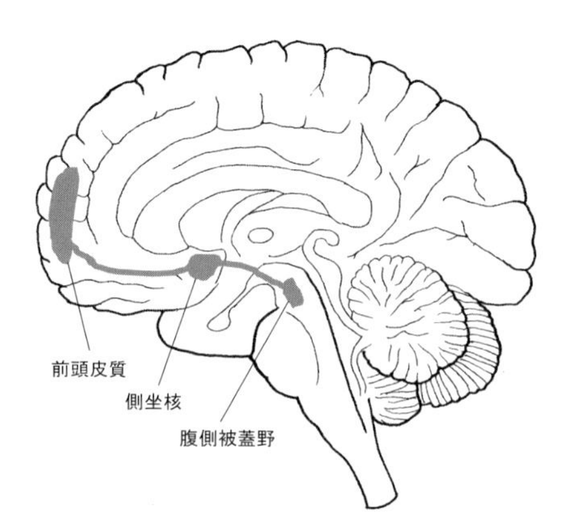

図 2.2 脳内の報酬系
中脳の腹側被蓋野から大脳辺縁系の一部をなす側坐核，さらに前頭前野に向かってドーパミン作動性の神経が走っている．

手の匂いなど，生存に必要な自然の報酬に近づくときに活性化される．人間の場合は金銭，それも予測を超えた大きな金銭の利得や，魅力的な顔にも反応することがわかっている．要は，この神経系は探索・接近を起こすようなすべての対象に反応する「報酬希求の幹線経路」といえるのである．

しかし，これですべての依存症薬物のメカニズムがわかったわけではない．アルコールがドーパミンの遊離を促す力は非常に弱い．アルコールは「扁桃体」に作用して不安を鎮め，間接的に報酬系を活性化すると考えられている．大麻やいわゆる「脱法ドラッグ」のような合成薬物もドーパミンの遊離を促す力は弱く，現在でもそのメカニズムの詳細にはわからないところがある．

ともあれ，薬物の固有の活性が薬物依存を起こす鍵だと考えて，現在でも薬理学の研究が進んでいるのであるが，1990 年代の後半になると，20 世紀の前半とは違った意味で，薬物摂取にかかわる欲求や意志の問題が再び脚光を浴びてきた．

そのきっかけになった研究のひとつが，図 2.3 に示すような実験である．この実験では，同じ母親から生まれた兄弟のラット 2 匹を組み合わせて，どちらにも静脈にカテーテルを植え，一方にはコカインの自己投与をさせた．そのラットが自分で体のなかにコカインを入れるのと同じタイミングで，もう一方のラットにはまったく同じ量のコカインを自動的に注入した．こちらにもレバーのスイッチ

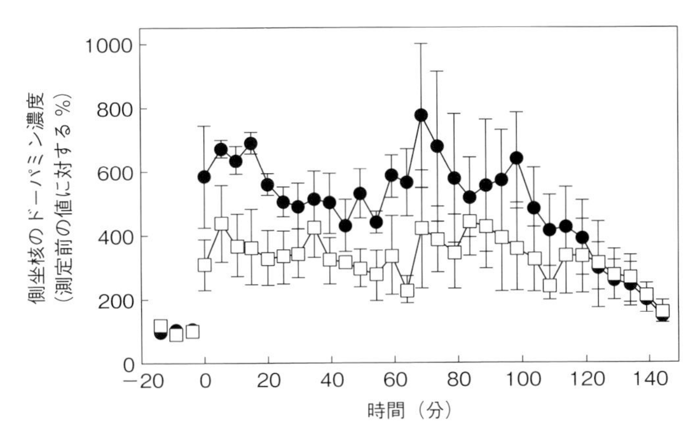

図 2.3 報酬系の活動に「意志」や「欲求」がかかわっていることを示唆する実験（Hemby, 1997）

右側のラットはレバースイッチを押してコカインを積極的に摂取する．左側のラットには右側のラットとまったく同じタイミングで同じ量のコカインが注入されるが，スイッチはダミー．

はあるが，配線されておらず，ダミーであった．つまり「能動的」な動物と「受動的」な動物とを並べたわけである．このときの側坐核のドーパミン遊離を調べてみると，能動的な方，すなわち自己投与の方ではベースラインの7倍程度に増加したが，受動的な方，すなわち自動的に注入される方は4倍程度だった（Hemby et al., 1997）．後者の4倍の増加は，コカインという薬剤に対する脳の反応であろう．自己投与の場合も薬剤によってこの程度の増加が起こっているはずだが，それに何かが上乗せされて，増加の程度が受動的な注入よりも大きくなっている．この「上乗せ」分は何だろうか．それこそ自発的にコカインを取りにいくか，そうでないかの違いである．それをやや擬人的に言葉を変えれば，「欲求」や「意志」，「意欲」を表しているのではないだろうか．

「ほしくてたまらない」，「やめたくてもやめられない」気持ちが依存症の本体だとするならば，薬物が体のなかに入った後に起こる現象ではなく，薬を体のなかに入れる前に何が起こっているかを調べなければならないはずである．ヒトの研究でもこういうことの重要性は認識されているが，きたるべき報酬への「欲求」や「意欲」を高めておいて，実際の報酬獲得を「寸止め」にしておく方法が難しいため，なかなか実行されていない．ただ，アルコール依存者にごく少量の酒を与え，飲酒欲求が高まったところで脳の活動を調べた研究がある．それによれば大脳皮質のわりと広い範囲で活性化が認められるという（Bragulat et al., 2008）．このような研究が進めば，やがては「意志」や「欲求」を脳の活動として可視化する道も開け，依存症の「心の問題」に新たな光があてられるときもくるであろう．

2.2　依存脆弱性と意思決定のバイアス

a.　刺激希求性

依存症は進行する病気である．ことに薬物依存の場合は，薬物自体が神経系に可塑的な変化を起こすので，ひとたび薬物が体のなかに入ると，薬物に対する欲求はほぼ自動的に拡大再生産されてゆく．こうなると「意志」は薬物の効果によって，もろくも凌駕されていく．それが依存症と意思決定を考える鍵ではあるのだが，そもそも最初に薬物に手を出すときにもなんらかの意思決定のバイアスが働いているだろう．ここではその問題を考えていく．

疫学や心理学の研究では，ある種の人々に依存の対象に接近し，異様に魅せられてしまう傾向，すなわち依存症への「脆弱性」が備わっていることがわかっている．この脆弱性は薬物依存に限らず，ギャンブル依存やネット依存にも共通する性質のようである．現在，依存の対象に接近するリスクを回避するために，脆弱性の早期発見，早期介入を目指して，遺伝的な素因や生後の環境が脳に及ぼす影響など，脆弱性の生物学的な研究が進んでいる．それでは，依存脆弱性とはどのような性質なのだろうか．

歴史的に見ると，依存症との関連が最初に指摘されたのは「刺激希求性」という性格特性であった（Zuckerman et al., 1964)．刺激希求性とは「食べたことのない食べ物を食べてみたい」，「たくさんの異性と遊びの恋をしたい」，「空想の世界をあれこれ思い浮かべることがある」，「最後まで使い切らずに新しいものを買ってしまう」というような行動傾向である．この傾向が強い人は退屈な日常に耐えられず，異様な経験やスリルのあるスポーツなどを好む．

興味深いことに，刺激希求性の追究は1950年代の「感覚遮断」の研究から始まった．感覚遮断とは，視覚や聴覚・触覚などの感覚刺激を制限して，身体活動も行わずにベッドに横になっているだけの実験である．この実験は一見楽なように見えるが，参加者はしだいに集中困難や思考の混乱を感じ，ついに幻覚を体験することもある．その噂が大学内に広まり，この研究に参加すると何か不思議な経験ができるらしいということで学生が集まってきた．おもしろいことに，集まってくる学生には似たような性質があった．つまり何か「ふつうでないこと」に異様にひきつけられる学生だったわけである．そこから刺激希求性の概念が誕生し，こういう性格特性を調べる尺度もつくられたのである．

刺激希求性は，「スリルと冒険を求める傾向」，「新奇な経験を好む傾向」，「抑制を解放したいという傾向」，「同じことの繰り返しを嫌う傾向」という四つの構成概念から成り立っている．刺激希求性はアルコールの使用やドラッグの使用と相関があり，薬物使用との関係はかなり頑健と思われる．筆者の同僚が喫煙者（大学生）と100名ほどの非喫煙者，もと喫煙者（禁煙成功者）を比較した研究でも，喫煙者の刺激希求性は非喫煙者より有意に高かった（図2.4)．

どうして刺激希求性の高い人と低い人がいるのだろうか．これについては，古い心理学の理論ではあるが，個人によって環境から受け取る最適刺激の水準が異なっているという説が有力である．ある人にとっては，変化が少なく新奇な要素が少ない刺激が最適であり，別の人にとっては変化に富み，予想外のことがいろいろ起こる刺激が最適であるという．

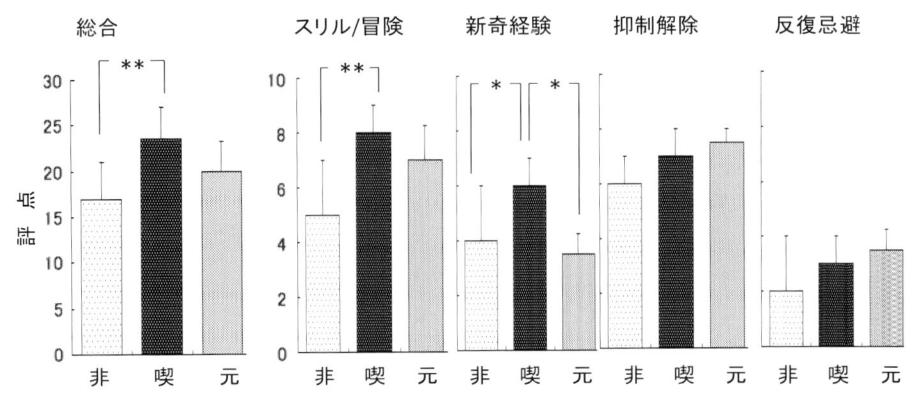

図 2.4 喫煙と刺激希求性（深澤, 2005）

調査対象は大学生. 図は非喫煙者（114 名）, 喫煙者（24 名）, もと喫煙者（10 名）の平均と標準偏差で, 左から順に刺激希求尺度の総合得点,「スリルと冒険を求める傾向」,「新奇な経験を好む傾向」,「抑制を解放したいという傾向」,「同じことの繰り返しを嫌う傾向」のそれぞれの得点を示す.

このことを少し生物学的に考えてみると, 動物にとって新奇な刺激は興味の対象である. めずらしいものと慣れたものを比べると, めずらしいものの方に引き寄せられる. めずらしいものは一種の報酬になっているのである. その一方で, 新奇な物体は警戒の対象になり, 容易なことでは手を出さない傾向もある. 動物はこのように新奇刺激に対する接近傾向と回避傾向の両方をもって生きている. 人間も基本的にこのような性質をもっていると考えると, 接近傾向が回避傾向よりも強い人が「刺激希求性が高い」ということになるのであろう.

b. 衝動性

薬物依存者の HIV 感染が問題になったころ, 注射器を使い回すので感染が広がるということが話題になった. これは今でも問題で, 依存者に対する指導には必ず「注射器の使い回しはやめよう」という内容が含まれる.

しかし, なぜ使い回しをするのだろうか. 滅菌済みの使い捨ての注射器と注射針はそれほど高価ではない. また, アルコール綿で注射部位を消毒するのも手間ではない. 依存者はなぜかその手間を惜しむ.

こういったことは, 薬物依存者には「待てない」という特徴があることを示唆している. 健康で長命という何十年スパンの利得を待つよりも,「いま, ただちに」

得られる刹那的な利得（快楽）の価値を大きく見てしまうのではないだろうか.

このような特徴を「衝動性」と呼ぶ.「衝動的」というと夏目漱石の『坊っちゃん』のように,後先も考えずにその場の雰囲気で行動してしまうか（『坊っちゃん』の場合はそれが「まっすぐな気性」につながっていたから良かったのだが),「衝動殺人」という言葉に見られるように，とくに理由もないのに劇的な行動をしてしまうか，といった意味あいを感じるが，ここでいう「衝動性」は,「時間軸のなかで報酬をどのように認知するか」といった認知的な問題である．もっとも，衝動性にはいくつかのレベルがある．信号無視をして交差点に飛び出してしまうようなのも衝動性であり，ここで取り上げるのはあくまでもその一つである.

一般に報酬の価値は，手に入るが遅くなると低く見積もられる．たとえば「1年後に手に入る1万円」は「今すぐに手に入る1万円」よりも主観的な価値が低い.「今すぐの1万円と1年後の1万円とどちらが良いですか」，という質問をされると，よほど変わった人でないかぎり「今すぐの1万円」と答えるであろう．では「今すぐの3000円」と「1年後の1万円」はどうだろうか．こうなると「1年待つ」という人が出てくるかもしれない．それを系統的に調べると「1年後の1万円」と等価な「今すぐのX円」がわかるはずである．こういう実験を「遅延報酬割引」の実験と呼ぶ.

遅延報酬割引の実験で,「大きな報酬を待つよりも小さな報酬が今すぐほしい」という判断の起こる時点を調べると，薬物依存者は健常者に比べて明らかに短い（図2.5）（Bickel et al., 1999）．つまり大きな報酬の到来を長期間待つことができず，少額でも良いから今すぐにほしいという傾向が強いのである.

もっとも，薬物依存者がいつも「今すぐに手に入るのなら小さな報酬で良い」と考えているわけではない．遅延報酬割引に似た手続きの「確率報酬割引」という実験がある．この実験では「少額だが確実に手に入る報酬」と「手に入るか入らないかは不確実だが，手に入ったら高額な報酬」とを比較する．時間は関係ない．この手続きだと依存者は不確実だが大きな報酬を好む.

話を遅延報酬割引に戻し，大きな報酬でも待つことができないという性質の生物学的な背景を考えることにしよう．この性質には「前頭連合野眼窩部」という部位がかかわっていると考えられている（図2.6).

前頭連合野眼窩部は前頭皮質の一部であり，様々な感覚入力を統合し，体の内部環境と統合したうえで,「何をなすべきか」を決める，まさに意思決定に決定

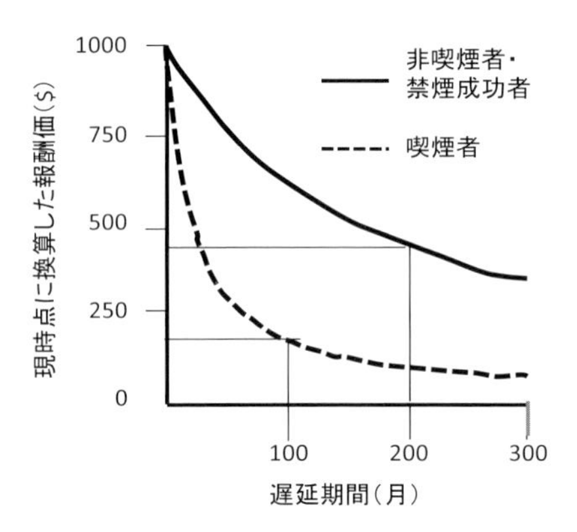

図 2.5　遅延報酬割引の実験結果
「長く待たされる 1000 ドル」(横軸が待ち期間)を「現在すぐ手に入る金額」でいうと，何ドルぐらいに感じられるかを示してある．喫煙者は非喫煙者やもと喫煙者に比べて「待たされる」と急激に報酬の価値が落ちるように感じる．

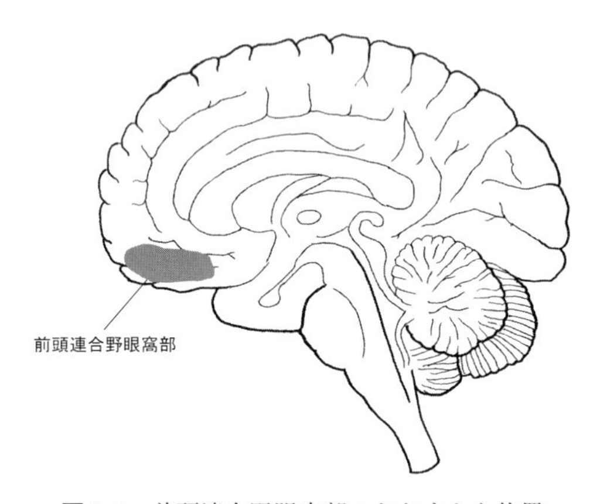

図 2.6　前頭連合野眼窩部のおおまかな位置

的に重要な部位である．19 世紀中ごろの米国で，この部位に事故で損傷を負った症例が，それまで円熟して慎重な性格の持ち主だったのが短慮で無分別に変わってしまったということで注目されるようになった．いかにも「待つ」ことに関係のありそうな部位ではある．

遅延報酬割引に前頭連合野眼窩部がかかわっていることは，動物の行動実験から示されている．実験動物（ラット）で遅延報酬割引を調べるには，スイッチが 2 個ついた実験箱を使う．片方が「今すぐに小さな報酬が得られるスイッチ」で，これを押すとただちに餌粒が出てくるが，それは1粒である．もう一方のスイッチは「一定の待ち時間の後に大きな報酬が得られるスイッチ」で，これを押すと，たとえば一度に4粒の餌が出てくるが，それはスイッチを押してから何秒か時間が経った後である．この行動の訓練には手間がかかるので，今のところ盛んに論文を出しているのはおもにケンブリッジ大学の心理学のグループに限られている．だが，このグループは遅延時間を系統的に変えることによって図2.5と似たようなグラフを描くことに成功している．ヒトの前頭連合野眼窩部内側に相当する部位を人工的に破壊すると，大きな報酬が待てなくなるという（Mar et al., 2011）．

薬物依存と関係の深いドーパミン神経系の活性も遅延報酬割引に関係しているようである．

ドーパミンやノルアドレナリンなどの神経伝達物質を分解するCOMT（カテコル-*O*-メチルトランスフェラーゼ）という酵素がある．その酵素活性と遅延報酬割引との間に関連があるらしい．COMT遺伝子には158番目の塩基がバリンかメチオニンかという遺伝的多型があり，バリンをもっている人の方が酵素の活性が高い．すなわちドーパミンがすみやかに分解されるので，こういう人は前頭連合野のドーパミン濃度が低い．健常な人に遅延報酬割引の実験を行い，COMTの遺伝的多型との関連を調べると，バリン型の人（すなわち両親からともにバリンを受け継いだ人）の方が「大きな報酬を待てない」という結果が得られた．これは前頭連合野背外側部の神経活動が低いことと関係があるらしい(Gianotti et al., 2012)．

さらに近年，「休息時のデフォルトネットワーク」と呼ばれる神経系が注目されており，このネットワークの活動と遅延報酬割引の結果との間にも関連が認められるようである．休息時のデフォルトネットワークとは，脳の活動を画像として解析するfMRI（機能的核磁気共鳴画像法）研究のなかで偶然のように見つかった神経系である．被験者が目を閉じて安静にしているときには活発に活動しているが，開眼して何かの課題をやってもらおうとすると活動しなくなる．「特段に何かをやっていないときにアイドリングしている神経系」ということで，いろいろな精神活動のベースラインとしての人間の性格特性とも関連が深いと考えられている．

健常者を対象にした実験では，報酬系の起始核がある中脳と，情動や意思決定に関係する前部帯状回との間の休息時の連携が弱いと，遅延報酬課題で「待てなくなる」傾向が強かった（Schmaal et al., 2012）.「待てなくなる」傾向は，情動の情報に基づいて意思決定をする判断力が低下していることと関連があるのかもしれない.

c. リスクの過小評価

依存の対象に手を出す脆弱性には，健康や社会生活に対するリスクをどのように評価しているかという問題もかかわっている．喫煙者はタバコの健康被害を過小評価し，パチンコ依存者は積もりに積もる借金を過小評価しているであろう.

アイオワ大学の Antonio Damasio（神経科学・精神医学）らは，知能には問題がないのにリスクを見誤り，結局は損な行動をしてしまう人々がいることに気づいた．そういう人々をスクリーニングするために，彼らは「アイオワ・ギャンブル課題」と呼ばれる課題を考案した．これは図 2.7 に示すような四つのカードデッキから，裏返しになったカードを 1 枚ずつ引いていくゲームのような課題である．カードを引いて表を見ると，手に入った金額や失った金額が書いてある．参加者にはあらかじめ一定の元手が与えられており，それを増やすことが目的である.

このカードデッキにはからくりがあって，左の二つは利得も大きいが損失も大きい（ハイリスク・ハイリターン）．右の二つは利得や損失が小さい（ロウリスク・

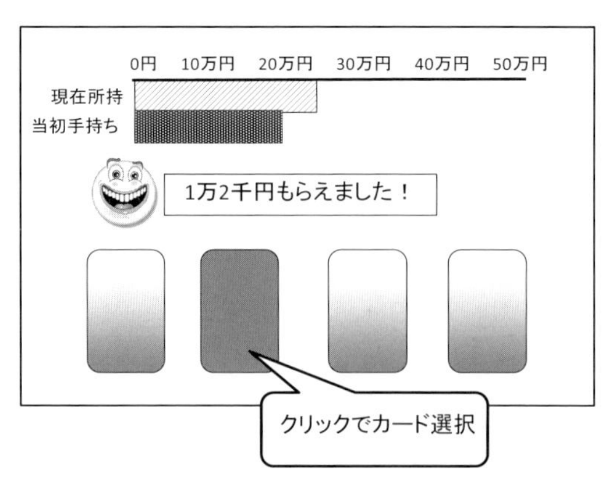

図 2.7 アイオワ・ギャンブル課題
四つのカードの山から 1 枚ずつカードを引く．カードを裏返すと獲得や損失の金額が書いてある．元手を増やすのが課題である.

ロウリターン）．参加者は何度か試行錯誤しているうちにこの構造がわかる．そこで，まずは「ハイリスク・ハイリターン」から選んで手持ちの金を増やし，大きな損が出たところで右側の「ロウリスク・ロウリターン」に選択を切り替える．こうすると簡単に元手を増やすことができる．

しかし，前頭連合野眼窩部に損傷のある人はその切り替えができず，いつまでも「ハイリスク・ハイリターン」の選択を続ける．また，ふつうの人は，負けが込んでくると，たとえば手に汗をかくといったような身体的緊張の兆候が現れるが，前頭連合野眼窩部に損傷があるとそれが見られない．このようなことからダマシオらは，前頭連合野眼窩部はリスクを判断し，「あぶない」ときに身体的な信号を出して，リスクに接近しないように警告する機能をもっていると考えた．

ところが，脳に損傷がなくても「ハイリスク・ハイリターン」に固執する人がいる．とりわけ左から2番目のデッキには巨額の損をするカードが含まれているのだが，このデッキからカードを引きたがる人がいるのである．これは「Bデッキ突出現象」（左から順にABCDと名づけて）という名前で比較的古くから知られていた．

筆者らの研究グループの高野らの実験によれば，健常な大学生のなかにもBデッキにこだわる被験者がいる．数としては被験者全体の4分の1から3分の1程度で，かなり多い．このような人と，損をした後ではBデッキに手を出さない「ふつうの」大学生の性格を調べたところ，意外なことに，Bデッキにこだわる人は自分のことを「慎重で熟慮的である」と考えていた．こういう人々は，「大きな損失を出したからには，これを取り戻すには大きな賭けに出るほかはない」と，自分ではあくまで論理的に考えてBデッキに固執しているつもりなのであった．だが，Bデッキに固執する人に，意識にのぼらない行動レベルの衝動性をテストする「絵合わせテスト」（図2.8）を行うと，エラーが多く，実際の行動は衝動的という結果が出た（Takano et al., 2010a）．筆者らは，Bデッキにこだわる人は無意識レベルの行動と意識レベルの自覚との間にギャップがあり，自分の行動傾向を正しくとらえていないのではないかと考えている．

ギャンブル課題よりも直接に「リスク」にかかわる意思決定を調べる課題に「風船膨張リスク課題（BART）」というものがある（Lejuez et al., 2002）．これは図2.9のようにパソコンの画面上で仮想的な風船を膨らませていく課題で，マウスをクリックして少し膨らませるごとに，小額の報酬が手に入る．しかし，風

図 2.8　絵合わせテスト（Flashcards Online より）
左側の見本と同じ絵を右側の選択肢からできるだけ速く選ぶ．意識にのぼらない衝動傾向をとらえることができる．

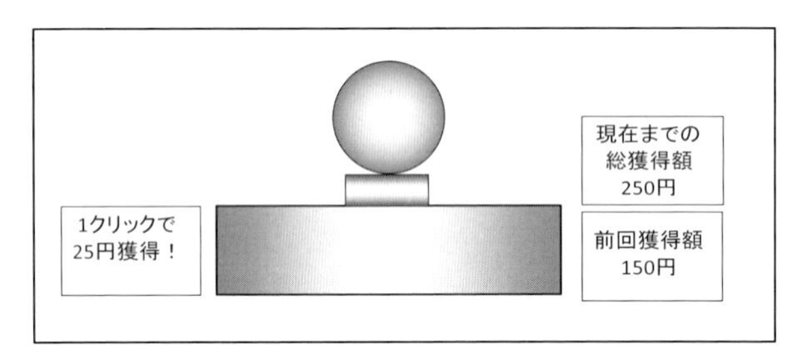

図 2.9　風船膨張リスク課題
リスクをともなう意志決定を調べる課題．危険を避けて小額の報酬で満足するか，報酬がゼロになる危険を冒してでも多額の報酬をほしがるかを調べる．

船はいつかは破裂し，破裂するとそれまでに溜めた報酬はゼロになる．報酬を得るためには，風船が破裂する寸前で膨らませるのをやめ，その試行を「打ち切る」必要がある．打ち切ると，その時点までに貯めた報酬がもらえる．参加者がどこで打ち切るかによって，安全を重視する人か，危険を省みない人かを判定する．BART では風船にいろいろなバリエーションをつくることができる．たとえば，風船の色を変えて，膨らませるごとの報酬額は大きいが，破裂しやすい風船とか，報酬額は小さいが破裂しにくい風船などをつくっておくと，ギャンブル課題よりも細かく「リスクをとるか，安全をとるか」を評価することができる．BART の成績にも前頭連合野眼窩部がかかわっているらしいが，依存症との関連を検討するのは今後の課題である．

d. 社会規範と意思決定

「やめたくてもやめられない」依存症になってしまうことがわかっていながら，なぜ依存の対象に手を出してしまうのか，その背景を考えてきたが，ここで今ひとつ，現在のところ，まだ基礎研究が追いついていないものの，今後重要になってくると思われる問題について述べておこう．

それは，社会のルール，すなわち規範をどのようにとらえるかということである．依存の対象には大麻や覚せい剤のように法で禁じられているものも多い．そうしたものに「あえて」手を出すときには，衝動性やリスクの評価といったことではとらえきれない心理が働いているはずである．アルコールやタバコは（少なくとも成人には）違法ではないが，今日では「酔っ払い」や「喫煙者」に対する社会の目は厳しく，常習的な飲酒や喫煙にはかなり社会的な抵抗がある．その抵抗を突破してアルコールやタバコを摂取するときにも，何か特有の認知的なバイアスが働いているはずである．

古くから，アルコール依存者や薬物依存者のなかには「反社会的な人格傾向」をもつ人がいるといわれてきた．反社会的な人格傾向とは，社会規範から逸脱した行動をし，他人を欺き，衝動的で攻撃性が高く，責任感や良心に欠ける傾向のことである．

独自のパーソナリティ理論で知られるCloningerは，薬物を乱用する人には衝動的で独立心が強く，恐怖心のないタイプと，内省的で不安が強く，センチメンタルなタイプの2種類があるとし，前者は麻薬や覚せい剤，後者は抗不安・睡眠薬の乱用と親和性が高いと考えた．アルコール依存者には両方が含まれると考えられ，Cloningerは不安が前景に立つタイプを「タイプI」，反社会性が前景に立つタイプを「タイプII」と称した（図2.10）（Cloninger et al., 1988）．Cloningerによれば，タイプIは発症年齢が遅く（25歳以降という），環境の影響を強く受け，罪悪感や不安の軽減を求めて飲酒をするのに対し，タイプIIは発症年齢が早く（25歳以前），遺伝的な影響を強く受けているという．

依存者のなかに「反社会的な人がいる」といっただけでは，依存の形成にかかわる意思決定と社会規範の問題を深く考えたことにはならないが，今日のところ，依存者が社会規範をどのように認識しているかという問題はまだよくわかってい

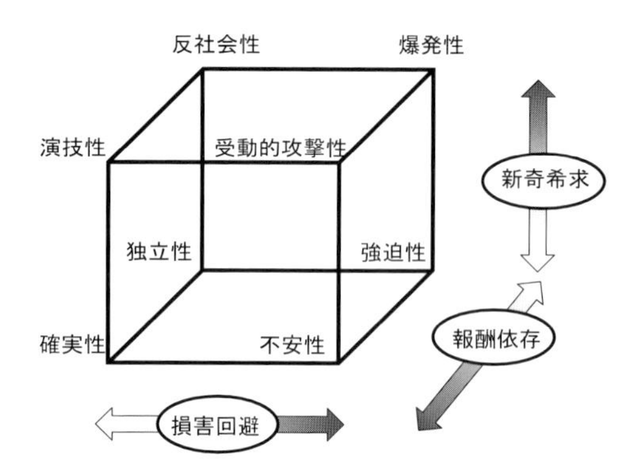

図 2.10　Cloninger の人格構造理論
Cloninger は人格の基本次元を「新奇希求性」,「報酬依存性」,「損害回避性」の 3 次元からなり，これらは生得的な気質であると考えた.「新奇希求」+「報酬依存」+「"非" 損害回避」で反社会的な麻薬や覚せい剤の乱用傾向,「"非" 新奇希求」+「"非" 報酬依存」+「損害回避」で引きこもりがちは抗不安・睡眠薬の乱用傾向が高まると考えた. アルコール依存には両方のタイプが含まれるという.

ない.

もっとも，社会規範を「破る」ことに抵抗をあまり感じない人は，意思決定にあたって社会規範よりも集団規範を優先させてしまうのだろうと考えることはできる．社会規範とは，たとえば日本国が法律で決めているような，社会全体をおおう大きな規範のことをいう．それに対して，集団規範とは，自分が所属している小さな集団のなかで通用している規範である．たとえば，世の中には「大麻は体に悪くない．大麻を規制する方が間違っている」と信じている人々がいる．そうなると，社会規範としては大麻を吸引しないのが正しいが，集団規範としては大麻を吸引してもかまわないのである．こういうときに人はどちらに従い，どのように意志決定を行うであろうか．実はその研究は端緒についたばかりで，はっきりしたことはわかっていない．これは薬物依存に限らず，「会社のコンプライアンス違反を見つけてしまったらどうするか」というような問題にもかかわる大事な問題である．今後の研究の進展が期待される．

ただし，ややこしいことに，社会規範は地域や時代によって変わる．たとえば，現在では「怖い化学物質」と考えられている覚せい剤も，1951 年の覚せい剤取締法施行以前には薬局でふつうに買える薬だった．疲労を解消し，眠気を取

コラム3　行動経済学と依存研究

アルコール，タバコ，大麻，覚せい剤，パチンコ，ロト，バカラ，……人は多種多様な依存症の対象をどのように値踏みしているのだろうか．この問題を解くために，米国で始まった実験行動分析学では経済学の理論を応用した研究が進められた．

われわれは金銭を支払って財を手に入れる．財の価格が値上がりすると，需要は減る．しかし，その減り方は一様ではない．主食やガソリンのように，値上がりしても需要があまり落ち込まないものがある．その一方で，嗜好品や娯楽への出費は，わずかに値上がりしても手控えるであろう．値上がりしたときに需要が大きく落ち込むとき，その需要は「弾力的」であるという．一方，それほど落ち込まない場合は「非弾力的」という．

これを動物実験で研究するときには，図2.1に示したような自己投与を用い，薬液を1回注入するのに必要なスイッチ押しの数を増やす．これが「値上げ」に相当する．あるいは，薬液の濃度を薄くする．これも「たくさん働かなければ満足が得られない」という意味では「値上げ」の一種である．こうやって定めた「価格」をグラフの横軸に取り，「消費」（1日にどれだけの薬液を体のなかに入れたか）を縦

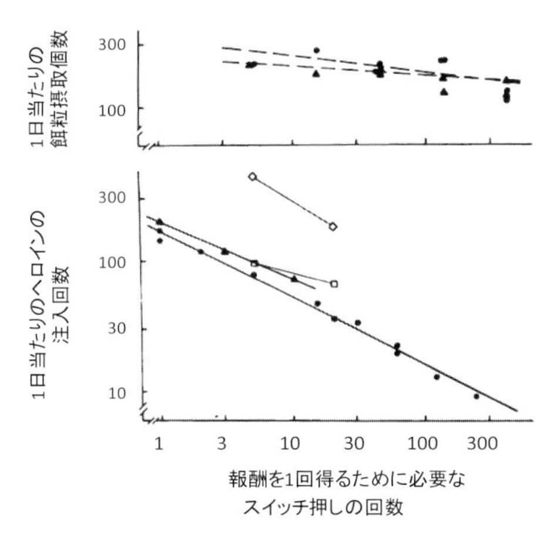

図　餌（上）とヘロイン（下）の需要曲線（Hursh, 1980）
横軸には餌やヘロインの溶液を獲得するために何回スイッチを押さなければならないかをとってある．縦軸は1日の総消費量である．ヘロインは餌に比べてスイッチ押しの回数を増やしたときの消費量の落ち込みが大きい．上に2本，下に4本線があるのは1匹ごとのサルのデータを表している．

軸に取ると，前ページの図のように「値上げ」によって「消費」が落ち込んでいく様子がわかる．この図では餌とヘロインを比較してある．ヘロインの需要は餌に比べて「値上げ」にともなう「消費」の低落が大きく，需要が「弾力的」であることがわかる（Hursh, 1980）．

依存症になるとこれがどうなるのだろうか，奢侈品のように「弾力的」であった需要が生活必需品のように「非弾力的」に変わるのだろうか．これは，ある財を「買うか，買わないか」という意思決定の問題でもある．経済学の理論を使ってどこまで依存症の意思決定機構に迫ることができるか，本格的な研究はこれからである．

文　献

Hursh SR：*J Exp Anal Behav*, **34**, 219-238, 1980.

り払う便利な薬として深夜の勤務や勉学を必要とする人々に愛用されていたのである．また大麻も，外国では疼痛緩和のために使用が認められているケースがある．現在は「悪い」と思われているものが今後はそうでなくなったり，今は何とも思われていないものが「危ない」ということで新たな規制の対象になったりすることは十分に考えられる．

このような社会的風潮の影響を受けて，研究結果の評価も変わる．ひとつの例をあげてみよう．前の項目で述べたBARTをタバコを吸う人に実施した報告がある（Dean et al., 2011）．それによると，遅延報酬割引から予想される衝動的な傾向とは反対に，喫煙者はリスクを回避する傾向が強かった．それならば喫煙者の意思決定にも健全なところがあるといえるのかというと，そうではないという．この論文の著者らは，生活のなかではあえてリスクを取る意思決定が必要な場面があるといい，そのようなリスクを回避する喫煙者の意思決定は「適応的ではない」と主張している．たしかに，このように考えられなくもないが，リスクを取ることも，取らないことも，結局どちらも「問題」なのだろうか．ここには「喫煙者の行動が正当化されてはならない」という今日の社会事情の影響があるのではないだろうか．

もちろん，筆者には喫煙者の行動を正当化しようとする動機はないのだが，社会がなんらかの行為に非寛容になれば，必ずその規範から逸脱しようとする人々が出てくる．これまでは，規範に合理性があると考えられてきたからこそ，規範からの逸脱は衝動的な行為，あるいはリスクを正当に評価できない「問題な」行為と解釈されてきた．しかし，規範が恣意的であるとしたらどうなのだろうか．規範からの逸脱という意思決定の研究には，規範はつねに正統的・合理的であるという前提に依拠しない視点が求められているように思われる．

2.3　依存症の進行にともなう変化

a.　離脱の苦痛

2.2 節では依存症の比較的初期，そもそもその対象に手を出すときの意思決定のバイアスについて考えた．ところが，いつまでもその段階にとどまってはおらず，どんどん進行してしまうのが依存症の怖いところである．本節では依存症の進行にともなって起こる変化について考えよう．

歴史的に見ると，依存症の進行にともなって起こる変化のなかで最も目立つものは「離脱の苦痛」であった．離脱は身体依存に基づく禁断症状のこともあり，そうでないこともあるが，たとえば薬物を何度か経験すると，そのときには一時的な多幸感や高揚感が得られても，薬物の効果が弱まった後には必ず「揺り戻し」が来る．それは極度の抑うつ感や不安であったり，身体的な苦痛であったりする．薬物以外の依存症，たとえばギャンブルやネットの使用に離脱症状が起こるのかどうかについては議論があったが，DSM–5 では，「ギャンブルを減らそうとしたりやめようとしたりすると落ち着きのなさや焦燥感が現れる」という項目がある．つまり，「ギャンブルからの離脱症状はある」と考えられていることがわかる．

離脱は多くの場合耐性と結びついている．初体験と同じ薬物量では初期のような効果を感じることはできず，同じような効果を感じるためには摂取量を増やす必要がある．薬物の場合，このような身体的な「慣れ」は薬物を代謝・分解する肝臓，全身の細胞，脳などいろいろなレベルで起こる．

脳で起こっている変化のなかで注目されるのは報酬系の機能低下である．以前からコカイン，ニコチン，覚せい剤など中枢興奮作用のある薬物からの離脱症状がうつ病に似ているといわれてきた．東京慈恵会医科大学の宮田らはラットの報酬系に電極を植え，レバーのスイッチを押すと微弱な電気刺激が与えられる「脳内自己刺激行動」という実験を使ってこのことを調べた（Miyata et al., 2011）．脳内に植え込んだ電極から与える刺激の強さ（電流値）を徐々に弱くしていくと，ついにはスイッチを押さなくなる．これを体系的に行うと，自己刺激行動を起こす電流の閾値を求めることができる．ラットにニコチンを 7 日間にわたって持続注入し，ニコチンの拮抗薬を使って離脱症状を起こしたときの電流閾値を測ってみると，正常なときよりも明らかに上昇していた．つまり強い刺激を与えないと自己刺激行動が見られなかったわけである．これをヒトにあてはめると，常習的な喫煙者が禁煙すると「快」を感じにくい状況になっているといえるだろう．また，こういうラットは拮抗薬の投与を受けた場所を「嫌がる」ようにもなった．離脱症状を「不快」と自覚していたわけである．

不快からの逃避は快への接近よりも強い動機である．このような逃避の学習にはほとんど訓練を要しない．不快な状況や危機的な状況では，人間も含めて動物がどのような行動をとるかは生得的に決まっているともいわれる．それは意思決定以前の問題といえるだろう．依存症の場合，前景に立つ行動は「薬物を手に入れる」，「依存の対象となる行為をもう一度やる」ことのほかにはないのである．

b.　アロスタシス

単に不快からの逃避が問題なだけではなく，薬物を使ったときの一時的な「ハイ」と離脱の「ロウ」の繰り返し，すなわち「アップダウン」の波が依存症進行の鍵だとする説もある．それがスクリプス研究所の George Koob が唱える「アロスタシスのモデル」である．

「アロスタシス」とは「ホメオスタシス（恒常性の維持機構）」をもじった言葉で，もともとは本態性高血圧の発症機構として考えられた．生体には血圧を一定のレベルに保とうとするホメオスタシスのセットポイント（目標値）がある．それが徐々に高血圧側にシフトしていくのが本態性高血圧のメカニズムであり，そのシフトを「異種」を示す「アロ」という接頭辞を使って「アロスタシス」といい表したわけである．

Koob はその概念を「気分（ムード）」に応用した．人には生理的な恒常性維持機能と同じく，気分的にも恒常性を維持しようとする傾向がある．すなわち，何かで興奮して「ハイ」になったらそれを鎮める方向の力が働き，逆に何かで落ち込んだらそれを盛り返す力が働く．われわれは日常生活のなかでつねに気分の上下を経験するが，このような恒常性維持機構によって，大局的に見ればほぼ一定の気分状態が保たれている（図 2.11）（Koob et al., 2001）．

しかし，薬物を繰り返して使うと，薬物による一時的な「ハイ」の後には離脱による大きな落ち込みが起こる．それに加えて「またクスリをやってしまった」，

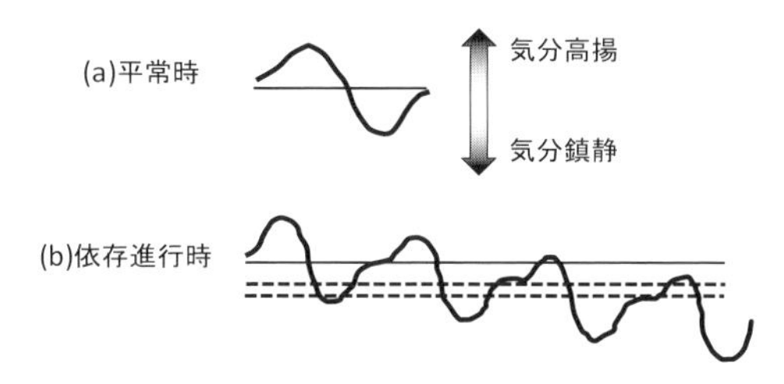

図 2.11　アロスタシスのモデル（Koob and Le Moal, 2001）
(a) 人間には気分を一定に保とうとする傾向がある．(b) 薬物を経験した後には大きな落ち込みがくるので，生体は（脳は）この落ち込んだレベルが気分の恒常性を維持するセットポイントだと考える．そのセットポイントは最初は通常レベルにあるが（実線），だんだん下降していく（破線）．

「自分はどうしようもない人間だ」といった後悔や自責の念も生じる．したがって生体としては，離脱によって大きく落ち込んだレベルが気分の恒常状態のベースラインだと「考える」．それは健常なとき（薬物使用前）よりも下にある．この状態で再び薬物を使っても，耐性が生じているので以前のように大きな「ハイ」を感じることはできない．それなのにその後の落ち込みは大きく，気分のセットポイントはさらに下方修正される．これが依存症における「アロスタシスのモデル」の骨子である．

「アロスタシス」を実際に観察したという報告もある．この実験でも脳内自己刺激行動の閾値が使われた．ラットに1日6時間のコカイン自己投与をさせつつ，その合間に脳内自己刺激を行い，自己刺激行動を起こす電流閾値を測定する(Ahmed et al., 2002)．毎日こういう実験を繰り返していると，コカインの自己投与量は徐々に増えていくが，それに反比例するかのように自己刺激を起こす電流閾値は上昇する．強い刺激を与えないと自己刺激をしなくなるわけである．ここでも離脱のときと同じような報酬系の感受性低下が示されている．しかし，このときは離脱の場合とは違って感受性の低下は徐々に起こり，しかも一度低下したらもとのレベルには戻らない．依存性のある薬物はシナプスの伝達効率を変え，神経系のネットワークを書きかえる．現在，その分子薬理学的なメカニズムの研究が進んでいるところである．

人間でも，薬物依存症の患者は金銭に対する報酬系の反応が鈍くなっているという．この点が「依存症とは快楽追究の成れの果ての姿である」と単純には思えない理由である．依存者はむしろ「快」を感じることのできる対象が非常に狭くなっているのではないかと思われる．

c. 条件づけの進行

薬物依存の進行にともなって生じるもう一つの重要な変化は，薬物体験と結びついたいろいろな環境刺激が薬物を思い出させるきっかけになるということである．このような環境刺激は薬物の使用をやめた人が再び手を出してしまう引きがねになる．

このメカニズムは，Pavlovの条件反射に似ている．Pavlovはイヌに餌を与える前にメトロノームの音を聞かせると，その音に対して唾液の分泌が起こるようになることを示した．餌はもともと生得的な神経回路によって唾液分泌反応を起こすので「無条件刺激」という．餌に対して起こる唾液分泌が「無条件反応」である．メトロノームの音は，最初は動物に特段の反応を起こさないが，餌の直前に鳴らすという操作によって唾液分泌を起こすようになる．これを「条件刺激」といい，音に対する唾液分泌を「条件反応」という．

これを薬物使用にあてはめると，薬物が無条件刺激，薬物によって起こってくる感覚（多幸感や高揚感）が無条件反応である．薬物と一緒に存在していた環境刺激が条件刺激で，それによって起こる反応が条件反応である．

環境刺激と一口にいうが，それには実に様々なものがある．たとえば，ダンスパーティで合成麻薬MDMA（エクスタシー）を使って「ハイ」になったとすると，そのパーティのときに見たミラーボールの光やそのとき鳴っていた激しいリズムの音楽，そのパーティ会場に行く道筋の風景などが条件刺激になる．そのパーティが週末に行われたとすると「金曜日」というカレンダーの曜日さえも条件刺激になる．

Pavlovのイヌの場合は，条件反応と無条件反応は似たものであり，どちらも唾液の分泌だった．このセオリーでいくと，様々な条件刺激を見たり聞いたりしたときには，薬物を使ったときと同じ多幸感や高揚感が得られても良さそうなものである．

実際，こういうこともないわけではないらしい．筆者は過去に一例だけ，「シンナー遊び」の治療中に患者が空のレジ袋を吸っているという話を聞いたことがある．「何となく気が休まる」のだそうである．

しかし，たいていの場合，条件反応として起こるのは「薬物がほしいという気持ち」，渇望というべき切ない願望であり，そのときの情動は薬物によって起こるものとはむしろ逆方向である．

これは不思議なことではない．無条件反応と条件反応の違いは心理学の実験でもしばしば観察されるもので，条件反応は無条件反応に先立つ「準備反応」であるといわれる．すなわち，薬を体に入れる直前のいらだちや期待，のどから手が出るような焦りなどが条件反応として誘発されるわけである．

d.　条件づけのメカニズム

条件づけがどうして起きるのかは，依存症と意思決定の問題を考えるときに重要な課題である．筆者らの研究グループでは，ラットを使った実験でこの問題にアプローチしようと試みた．

その実験には図 2.12 のような装置を使う．この装置は白と黒の二つの箱をつなげた簡単な装置で，それらの間に上下に動く仕切りのドアがある．まず，仕切りを開けた状態で両方の箱を自由に探索させる．それから，ラットに薬物を注射し(筆者らはコカインを使った)間仕切りを閉めて一方の箱に一定の時間だけラットを入れる．別の日には生理食塩水を注射し，他方の箱に一定時間ラットを入れる．これだけの操作を数回繰り返し，再び間仕切りを上げて自由に探索させてみ

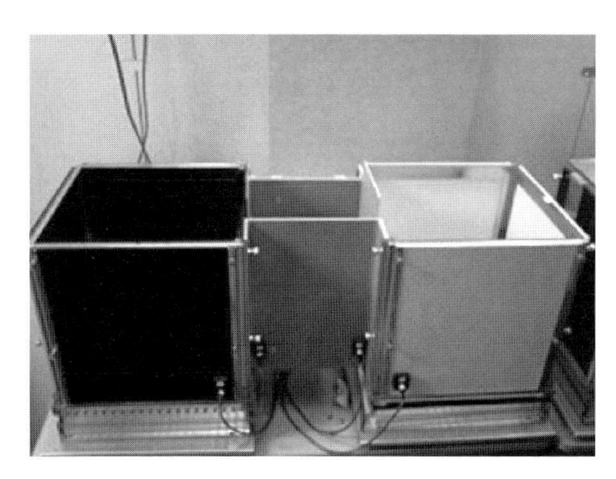

図 2.12　条件づけ場所嗜好性実験
白い箱と黒い箱をつなげてある．片方で薬物を経験させ，他方では薬理作用のない生理食塩水を経験させる．このような経験を数回重ねると，薬物を経験した箱で過ごす時間が長くなる．

ると，なぜか薬物を体験した箱の方に体が寄り，そこで過ごす時間が長くなるのである.

この場合，薬物の体験が無条件刺激，薬物によって起こった快感が無条件反応，白や黒の箱の環境が条件刺激，「体が寄る」という行動が条件反応と考えられる．条件づけは一種の記憶であることから，筆者らは，記憶と関係の深い「海馬」に鍵があると考えた.

ラットの海馬から脳波を記録すると，8ヘルツほどの規則正しい波が見られるときがある．これを「シータ波」という．脳波に規則正しい波が現れるということは，多くの神経細胞が同期して一斉に発火したことを示している．このシータ波は，ラットが歩いているときによく見られる.

なぜ歩いているときに見られるのだろうか．そもそもラットにとって歩くとはどういうことなのだろうか．歩いていると，餌場にたどりつくこともあるし，危険な目に遭うこともある．筆者らは，ラットが歩きながら情報を集め，「ここは良い場所」，「ここは危ない場所」という地図のような記憶をつくっているのではないかと考えた．様々な感覚刺激がシータ波という波に乗って集約される．そのなかには快や不快の体験をともなうものがある．それは重要な刺激に違いないので，「これを覚えよう」と記憶回路の方に転送される．シータ波は「情報」というサーフボードを乗せる波ではないだろうか.

そう考えて，試みにラットの脳に微量の局所麻酔薬を入れて，海馬のシータ波を止めてみた．この状態でコカインを経験させても，コカインを体験した箱に体が寄るという行動はまったく形成されなかった．次に，ふつうのラットにコカインと生理食塩水で条件づけをし，コカインを経験した箱に体が寄るようにして，どんなときにシータ波が出ているのかを観察した．その結果，コカイン側の箱に体が入る前にシータ波が出現し，その箱に入ると止まることがわかった．ラットは自由に探索しているので，生理食塩水を経験した箱にも入る．その前にもシータ波が出ることは出るが，それはコカイン側に入るときのようにタイミングが揃っておらず，しかも生理食塩水側に入った後にも止まらない（図 2.13)．あたかも「間違えてこちらに入ってしまった」というかのようであった．つまり海馬のシータ波は，報酬の記憶を「録音」するときにも必要であり，それを「再生」するときにも必要なのであった（Takano et al., 2010b)．続く実験で，筆者らは「この場所はコカインの場所」という記憶が形成されるときには，海馬のドーパミン

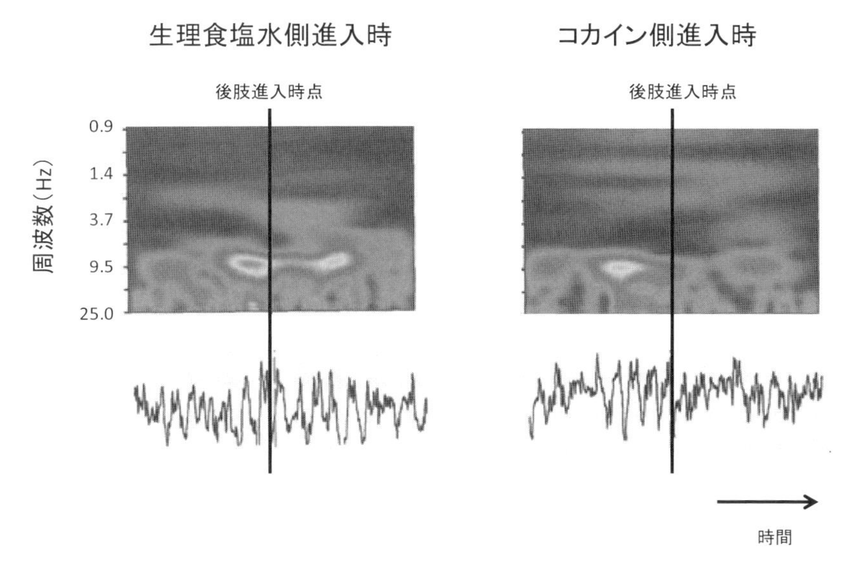

図 2.13 ラットの条件づけ場所嗜好性と海馬のシータ波（Takano et al., 2010b）
下の波は脳波サンプル．上の雲のような図は周波数の分布を時間にそって展開した図．明るいところほどその帯域の脳波が多く見られることを示す．左側は生理食塩水側にラットの体が入るとき．右側はコカイン側に入るとき．コカイン側に入った後にはシータ波が止まる．

受容体が増えていることも突き止めた（Tanaka et al., 2011）．この増加はコカインという薬剤に対する受動的な反応ではなく，場所との関係を学習したときにだけ起こるのである．

海馬は，条件刺激になる環境のなかでも「その場の雰囲気」のような漠然としたものに関係しており，視覚や聴覚，嗅覚など「はっきりした刺激」の場合は扁桃体が関係していると考えられている．どちらも側坐核の働きを促進し，側坐核からの出力が「淡蒼球」という部位に送られて「体を動かせ」という信号を出す．その信号は「視床」を介して前頭連合野眼窩部や「帯状回」に送られ，報酬系の活動をさらに促進する．こうした神経のネットワークはおよそ図 2.14 のようなもので，報酬の記憶をつくる回路と考えられている（Everitt et al., 2002）．

ところで，この回路ではおよそ「意志」にかかわっていそうな大脳皮質の前頭連合野は主役ではない．まるで「添えもの」のように登場するだけである．おもな過程は皮質下の構造で制御されているのであり，これは皮質があまり関与しない「ショートカット」のような回路といえるだろう．こうした「ショートカット」

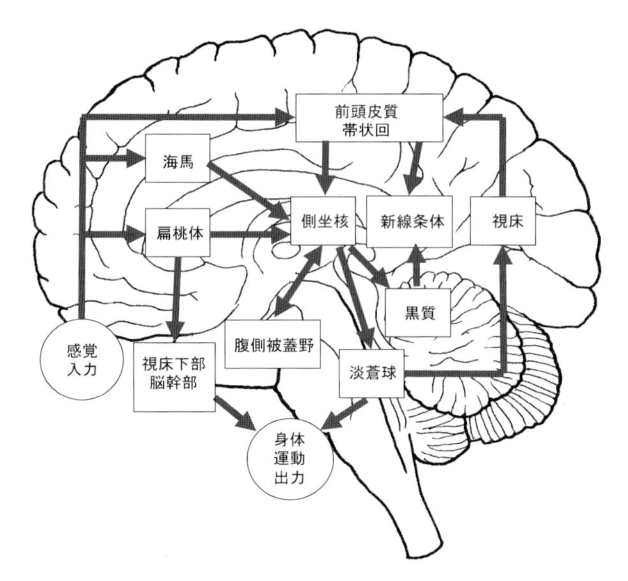

図 2.14 嗜癖的な報酬の記憶が形成される脳内神経回路の模式図（Everitt and Wolf, 2002）

の役割が大きくなってしまうところが依存症の問題の核心ともいえる．

2.4 依存状態からの脱却と「意志」

a. 欲望の脳と自制の脳

薬物やギャンブルなどに過度にのめり込む人には，そもそもそういう対象に手を出す前に，新奇な刺激や体験を好み，大きな報酬でも長い間待つことができず，自分の行動に降りかかるリスクを正しく評価できないといった「認知のバイアス」があった．これに，ストレスの多い状況に対処するスキルが未熟であるといった性質が加わり，依存の対象に接近してしまうのであろうが，依存の初期段階にはまだ「行為の決定」という意味で意志がかかわっていた．

しかし，ひとたび依存の対象に手を出し，それを何度か経験していると，離脱の苦悩や気分の大きなアップダウン，環境に対する条件づけなどの過程が進行する．その過程は，少なくとも薬物依存の場合は，薬物に対する生体の自然な反応である．ギャンブルやゲームの場合にも似たような反応が進行しているのであろう．こうして依存の対象に接近する行動はしだいに強迫的になる．この段階では意志が働く余地はほとんど残されていない．

これを脳の働きから考えると，行為の決定にかかわる主要な部位が，新皮質のような高次の中枢から，大脳辺縁系，大脳基底核，中脳といった皮質下の部位に「降りてくる」ように見える．これが依存症の進行である．この過程を何とかとらえたいと思うが，そのためには「これから依存症になる人」に実験に参加してもらい，その人たちを徐々に依存症にしていかなければならない．これでは人間を使った実験は不可能である．そこで動物実験が大きな意味をもつが，長期にわたって複数の脳部位の活動をフォローすることは難しく，いまだに依存症の進行にともなって行動の制御中枢が「移ろっていく」過程をはっきり示した研究はない．

ただし，多くの研究者が脳には「ボトムアップ」で欲求を発生させる機構と，その無制限な暴走を防ぐ「トップダウン」の制御機構があると考えている．

たとえば，ギャンブル課題を考案した Antoine Bechara は，扁桃体が様々な感覚刺激を統合し，短期的な見通しに基づいて損得を評価し，自分にとって「快」をもたらすものに接近したいという信号を発生させる中心だという．これが「欲望システム」である．それに対して，前頭連合野眼窩部を中心とした前頭葉の腹内側部位や前頭連合野背外側部は，もっと長期的な展望に立って，ある場合には「欲望システム」の信号にゴーサインを出し，別の場合，つまりその行為がゆくゆくは自分にとって不利になる場合には却下する．これが「自制システム」である（図 2.15）(Bechara, 2005)．Bechara は，自制システムの発育は遅く，思春期や青年期にはまだ十分に機能していないといい，青少年に自分の考えたギャンブル課題を実施して，依存症のリスクがある人を早期に発見してなんらかの対策をとるべきであると主張する．

筆者としては，大まかに二つの系が存在すると考えられることには同意するものの，「欲望の系」としては側坐核を中心としたシステムも重視すべきであると思う．しかし，両者がせめぎ合っているというアイデアは依存症の理解や治療に重要な示唆を与えると考えている．

ただし，ここで報酬やリスクの評価にあたって「長期」「短期」といういい方をしたことには注意が必要である．短期とはどれくらいの期間のことなのか．長期とはどれくらいか，数日か，数週間か，数年か．こういうことははっきりとは決められない．

意思決定と時間展望の問題は難しい．しかしこの問題は，意思決定が合理的か不合理かを考えるときには避けては通れない．

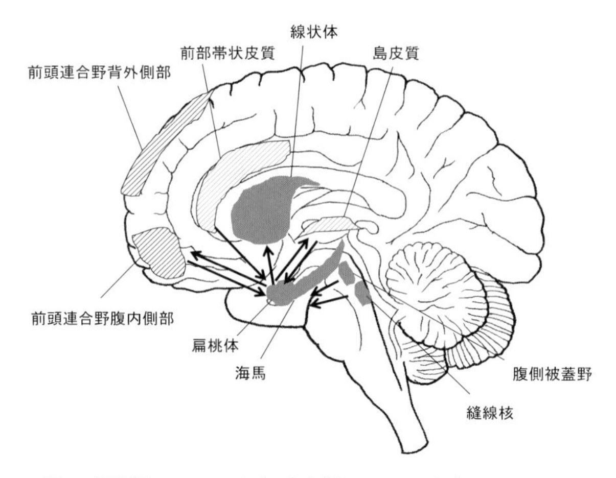

図 2.15 脳の「欲望システム」と「自制システム」(Bechara, 2005, 改変)
灰色の部位が「欲望システム」, 斜線の部分が「自制システム」である. 矢印はそれぞれの連絡を表している. ただし, この図は正中断面で, 図に示した部位のすべてが正中断面に現れるわけではない. たとえば, 前頭連合野背外側部はここから翼のように左右両半球に広がる. 海馬は湾曲して左右に広がり, その先に扁桃体がある. したがって, 図の解剖学的な位置は正確ではないことに留意されたい.

たとえば,「ギャンブラーの錯誤」といわれる問題がある. コインを投げて表か裏かを予想して金を賭ける場面を考えてみる. 連続して5回表が出たとすると,「次は裏だ」と思いたくなるであろう. しかし, コインを投げるという事象が1回ごとに独立である(つまり前の試行の影響を受けない)と考える限り, 6回目に表が出る確率と裏が出る確率はどちらも0.5で変わらない. したがって「次は裏だ」と思うのは不合理な誤謬ということになる. ところが, コインに不正がない限り, 長期的に見ると表と裏はほぼ同数回出てくるはずであるから,「5回も表が続いたから次は裏」と考えるのはあながち誤謬とはいえないのである.

依存者はしばしば目前の快感にとらわれて長期的には不利で不合理な行動をするといわれるが, 合理的か不合理かはどの程度の時間展望をもっているかによって変わる. 見方を変えれば依存者の行動は必ずしも不合理とはいえないのかもしれない.

b. 依存症治療と意思

依存症が深刻になってしまう背景には,「欲望システム」の活動が自覚できないという問題がある．

皮質下の脳の活動が本当に自覚できないのかどうか，議論のあるところだが，少なくとも，意識的な行動を起こすよりも前にこのような部位が活動することは確かである．たとえば，2枚の顔写真を見せてどちらが好きかを判断してもらい，写真を見てからその判断に至るまでの脳の活動を調べると，まず側坐核が活動し，次に前頭連合野眼窩部が活動し，最後に「こちらが好き」という判断（意思決定）が行われる．たかだか数秒のできごとではあるが，第一に「欲望システム」，第二に「自制システム」，最後に行動出力，という経過が見てとれる（Kim et al., 2007）．「欲望システム」が働いているときには自分がどんな判断をするかは自覚していないのである．このことは依存症の予防や治療に示唆を与える．

米国国立薬物乱用問題研究所長のNora Volkowは，依存からの回復には依存者が自分の状態や欲求に「気づくこと（洞察）」が大事であるという．いろいろな研究結果を総括的に考えると，「気づき」に関連のある部位として重要なのは島皮質，前部帯状回，前頭連合野眼窩部といった部位であるらしい（Goldstein et al., 2009）．これらのうち前部帯状回と前頭連合野眼窩部は意思決定に関係している．島皮質は位置でいえば前頭連合野眼窩部や帯状回よりは後方，側頭葉と頭頂葉を分ける外側溝のなかにある．皮質とはいうものの系統発生的には古く，味覚や嗅覚の統合，自律神経系の恒常性維持など生命維持に必要な機能を担っている．近年の研究によれば，意思決定のなかでもとくに不確実な事態での意思決定との関係が深いらしい．また，島皮質は社会的な共感にも関係があるという．

それでは，実際に依存症の治療のなかで「気づき」を促すような対策は取られているのだろうか．それはかなり採用されていて，しかも重要なテクニックだと考えられている．

その一つは「動機づけ面接」と呼ばれるもので，患者と治療者が対話しながら，患者の心理のなかにある葛藤に気づかせていくテクニックである．いかに重症の依存者といえども，薬物やギャンブルにとらわれた自分の行動が全面的に正しいと思っているわけではない．よくよく話してみると，「本当はこんなことはやめたい」，「良いことではない」といった気持ちをもっている．それは「自制システム」の声である．日常生活のなかでは「欲望システム」の大きな声に負けて「自制システム」の声はかき消されがちだが，熟達した治療者はその声をしっかりと受け止めて，患者自身が「やめたい」という気持ちをもっていることを患者の前に示す．もっともこれには忍耐が必要である．実際の動機づけ面接では，患者の話のなかに出てくる小さな矛盾（それこそ「自制システム」と「欲望システム」の葛藤を物語るものにほかならない）を見逃さず，それを突破口にして，徐々に「これまでの自分は依存の対象にとらわれていた」という自覚を引き出す．動機づけ面接はとりわけ治療の初期段階，治療意欲をつくる段階で有効である．

もう一つのテクニックは「認知行動療法」という．認知行動療法は，もともとうつ病の治療法として考案されたもので，「ものごとを何でも悪い方に考える」，「些細なことに大きな注意を向ける」，「完全な成功か失敗かしかありえず，中間段階を認めない」といった患者の認知のバイアスを矯正することを目的としている．

依存症の治療のなかで認知行動療法が最も大きな成果をあげているのは，再発の防止である．すなわち，認知行動療法では，前節で説明したような「条件づけ」のプロセスが起こり，知らず知らずのうちに自分が再発（薬物の再使用など）の危機にさらされていることを患者に自覚させる．また，条件刺激によって渇望が起こったときにどうするかを考えさせる．

認知行動療法のポイントは，自分がはっきりと自覚していないことを徹底的に「書き出す」ところにある．客観的な行動観察と同じように，たとえば，どんなときに自分が薬物がほしくなったかというようなことを表にまとめるのである．その表も事実に基づき，何月何日，何をしていたとき，まわりに何が見えて何が聞こえたとき，そのときの渇望の強さを10点満点で表すと何点ぐらい，といったようなことを克明に書く．自分の行動を洗いざらい書き出してみると，気がついていなかったことが多いのに驚くものである．対処法もすべて書き出しておく．「薬物がほしくなったときに薬物のかわりにやること」，「いざとなったときに電話する友人の連絡先」といったものをすべて書く．

このやり方は，ひとたび大脳新皮質の下に降りてしまった行動の決定機構をもう一度新皮質の手に「取り戻す」というような趣をもっている．認知行動療法の有効性は多くの研究で実証されている．現在，アルコール依存症の治療に使われている認知行動療法のプログラムを表2.4に示す．これは久里浜医療センターで使われているもので，テーマとねらいのみを掲げ，詳細は省略するが，気づいていないことに「気づく」ことが依存症からの回復の第一歩であることがわかっていただけるのではないかと思う．

表 2.4　アルコール依存症の認知行動療法プログラム

	テーマ	ねらい
1	依存症の自己診断	依存症についての理解
2	飲酒問題の生理	自分の問題の整理
3	一日の生活を振り返る	飲酒中心の生活ではなかったかどうか検証
4	飲酒と断酒の良い点・悪い点	それぞれのメリットとデメリットの整理
5	将来を考える	断酒の目的の明確化
6	飲酒の引き金は？	再飲酒防止のために
7	社会的圧力	酒に誘われたときの対処法
8	再飲酒の予測と防止	あらかじめ考えて，備えておく
9	思考ストップ法	飲みたくなったときの対処法
10	再飲酒時の対処法	万一飲んでしまっても，病気を再発させないため
11	ストレスに対処する	ストレスに強くなること
12	怒りのコントロール	飲酒につながる怒りの制御
13	楽しい活動を増やす	断酒によって増えた時間の有効活用
14	退院後の生活設計	断酒だけでは回復ではないことの理解

久里浜医療センターで使用されている「TMACK」というプログラムの骨子.

依存症というと，違法な薬物使用，飲酒運転，莫大な借金，人間関係や社会生活の崩壊など，どちらかというと懲罰の対象であって，治療や支援の対象ではないと思われがちだが，懲罰には渇望や再発を抑制する力はない．もちろん，触法行為にはそれなりの責任をとらなければならないが，それが最終ゴールではない．依存症は疾患であり，社会的な孤立を避け，支援のネットワークのなかで有効性の実証された治療を継続することが必要である．

c.　病気がもつ意味

依存症は人類が文明のなかで宿命のように抱えてきた病気である．ラットの脳にも，もちろん報酬系はあり，その活動は様々な部位によって調節されている．人間の脳と同じようにドーパミン，セロトニンなど，様々な神経伝達物質が働いている．薬物を使えば依存症に似た状態をつくり出すこともできる．ギャンブル依存やゲーム依存をそのまま動物で再現することはできないが，似たような状態をシミュレーションすることはできる（Winstanley, 2010)．このような研究は，依存症の脆弱性を解明するために役立つだろう．つまり，動物の脳は依存症になる潜在的な能力をもっているのだが，特殊な実験を使わないかぎり，その能力が過剰に活動することはない．くわしく観察したわけではないが，動物が自然の生

コラム4　自助グループの心理

依存症からの回復に大きな力を発揮するのが「自助グループ」である．自助グループとは読んで字のごとく，自分たちで助け合う組織であり，「治療者」と「患者」という関係はない．お互いに同じ悩みを抱えた人が集まり，「先輩」が「後輩」の話を聞きながら，回復を促していく．1930年代にアルコール問題で悩んでいた米国の株仲買人と外科医が出会い，「1週間だけ酒を飲まずにいて，また会おう」と約束して別れたのが今日の自助グループの基礎となったアルコホリック・アノニマス（AA）の始まりである．自助グループに確かな治療効果のあることは，比較対照をおいた研究によって，今日では定説である．しかし，なぜ自助グループが有効なのか，そのメカニズムはくわしくわかってはいない．

自助グループは小規模から中規模の集団の典型であり，自助グループのなかでどのような情報が共有され，対人的な共感や葛藤を経て，メンバーの態度変容が促されるかといったことについては，社会心理学やコミュニケーション研究で蓄積されてきた知見が役立つ．マイアミ大学のGerald Stasser（心理学）は，集団の合議に関する重要な実験や理論を多く提唱している（広田，2006）．Stasserの情報抽出モデルによれば，ある情報が議論される確率は，その情報をあらかじめもっているメンバーの数と，あるメンバーがその情報に言及する確率によって決まる．これはまさに自助グループがもっている性質であり，違法な薬物など匂いを嗅いだこともない専門家（医師や心理士）と患者が構成するグループよりも，自助グループの方が「話がはずむ」のである．また，Stasserによれば，集団がある程度大きく，議論が構造化されていると，メンバーが共有している情報が話される比率が高いという．自助グループのミーティングは雑談ではない．まず全員でパンフレットの一部を朗読し，次に司会者がテーマを発表する．そのテーマにそってメンバーが話をし，最後に全員で輪になって手をつなぎ，「平安の祈り」というものを唱和する．すなわちそのミーティングは高度に構造化されている．しかもメンバーは誰もが似たような経験をもっているから，情報が抽出され，議論されやすいのである．

初期の自助グループは，ともかく「集まる」，「居場所をつくる」ことが大事であった．しかし，今は自助グループも曲がり角にさしかかり，もっと積極的に治療と社会復帰に役立つことが求められている．そのためには，コミュニケーション理論や集団意思決定の研究を使って，自助グループの活動を解析することが有用であろう．

文　献

広田すみれ，増田真也，坂上貴之編著：心理学が描くリスクの世界：行動的意思決定入門，慶應義塾大学出版会，pp. 218-221，2006.

活のなかでいつのまにか依存症になってしまうことはないであろう．

しかし，人間は日常生活に必要な食物を採り，子孫を得るために必要な性行動を行うだけでは満足しなかった．人間は過剰な報酬を求めてきたのである．その活動によって，人間を取り巻く環境は豊かになった．嗜好品，娯楽，技芸，スポーツ，学術といったものは情動的な報酬価値をもつ．人間はそうした報酬を探索し，より報酬価値の大きなものをつくり出してきた．おそらく，その力がなかったら人間の文明は発展しなかったにちがいない．人間の活動にはどこか「やりすぎ」，「こだわりすぎ」のところがある．文明を発展させてきた力が，その陰画として依存症をつくったということができるだろう．

依存症は，情動と意思決定の関係を考えるときに格好の教材を提供してくれる．

今日では，情動が意思決定に影響を与えることはよく知られているが，その様式は単純ではない．たとえば，人は否定的な感情をもっているときに慎重になり，リスクを避けるという実験報告もあれば（Mano, 1994），その逆に，ポジティブな感情をもっているときに戦略的な意思決定をし，リスクを避けるという実験報告もある（Mittal et al., 1998）．こういった不一致は心理学の研究にはつきものではあるが，われわれはそろそろ「実験条件の違いによって結果が異なるのは当然」という状況から抜け出し，いろいろな現象が包括的に理解できるような枠組みを目指さなければならないだろう．

そのような枠組みは病態をも説明できる一般性をもつべきである．利口なロボットをつくることが目的ならば，最速で合理的な行動（意志）決定をするアルゴリズムがわかれば良いであろうが，人間を理解することが目的ならば，病態を説明できない理論の妥当性や有用性は限られている．

日本で80万人を超えると推定されるアルコール依存症の患者や，200万人程度にのぼるという推計もあるギャンブル依存症の患者たちは，「自分はどうしてこんなことをやってしまうのか」を知りたがっている．人は由来のわからない行動に振り回されるときには不快を感じるものである．そのメカニズムを情動と意思決定の一般理論から説明することは，単に科学上の興味を超えて，臨床的・社会的にも重要なことである．

[廣中直行]

文　献

Ahmed SH, Kenny PJ, Koob GF et al : *Nat Neurosci* **5**, 625-627, 2002.

American Psychiatric Association：Desk Reference to the Diagnostic Criteria from DSM-5, APA Publishing, Washington DC, pp. 230-283, 2013.
Bechara A：*Nat Neurosci* **8**, 1458-1463, 2005.
Bickel WK, Odum AL, Madden GJ：*Psychopharmacology* **146**, 447-454, 1999.
Bragulat V, Dzemidzic M, Talavage T et al：*Alcohol Clin Exp Res* **32**, 1124-1134, 2008.
Cloninger CR, Sigvardsson S, Gilligan SB et al：*Adv Alcohol Subst Abuse* **7**, 3-16, 1988.
Dean AC, Sugar CA, Hellemann G et al：*Psychopharmacology* **215**, 801-811, 2011.
Di Chiara G, Imperato A：*Proc Natl Acad Sci USA* **85**, 5275-5278, 1988.
Everitt BJ, Wolf ME：*J Neurosci* **22**, 3312-3320, 2002.
深澤英美：現代大学生喫煙者の性格傾向，第8回ニコチン・薬物依存研究フォーラム，2005.
Gianotti LR, Figner B, Ebstein RP et al：*Front Neurosci* **6**, 54, 2012.
Goldstein RZ, Craig AD, Bechara A et al：*Trends Cogn Sci* **13**, 372-380, 2009.
Hemby SE, Co C, Koves TR et al：*Psychopharmacology* **133**, 7-16, 1997.
樋口　進，尾崎米厚，松下幸生ほか：日本アルコール・薬物医学会雑誌 **42**, 328-329, 2007.
Kim H, Adolphs R, O'Doherty JP et al：*Proc Natl Acad Sci USA* **104**, 18253-18258, 2007.
Koob GF, Le Moal M：*Neuropsychopharmacol* **24**, 97-129, 2001.
Kutson B, Wimmer GE, Kuhnen CM et al：*Neuroreport* **19**, 509-513, 2008.
Lejuez CW, Read JP, Kahler CW et al：*J Exp Psychol Applied* **8**, 75-84, 2002.
Mano H：*Organ Behav Hum Dec Proc* **57**, 38-58, 1994.
Mar AC, Walker ALJ, Theobald DE et al：*J Neurosci* **31**, 6398-6404, 2011.
Mittal V, Ross WT：*Organ Behav Hum Dec Proc* **76**, 298-324, 1998.
Miyata H, Itasaka M, Kimura N et al：*Curr Neuropharmacol* **9**, 63-67, 2011.
Schmaal L, Goudriaan AE, van der Meer J et al：*Brain Behav* **2**, 553-562, 2012.
Takano Y, Takahashi N, Tanaka D et al：*PLoS One* **5**, e9368, 2010a.
Takano Y, Tanaka T, Takano H et al：*Brain Res* **1342**, 94-103, 2010b.
Tanaka T, Kai N, Kobayashi K et al：*Neuropharmacol* **61**, 824-848, 2011.
Todorov A, Mandisodza AN, Goren A et al：*Science* **308**, 1623-1626, 2005.
和田　清：薬物依存ー乱用・依存の歴史・現状と基礎概念．和田　清編：薬物依存，精神医学レビュー，No. 34，ライフ・サイエンス，pp. 5-20, 2000.
Winstanley C：*Neuropsychopharmacol* **36**, 359, 2010.
Zuckerman M, Kolin EA, Price L et al：*J Consult Psychol* **28**, 477-482, 1964.

3
情動とセルフ・コントロール

たとえば，目の前においしそうなケーキ屋さんがあるとする．来月の健康診断での中性脂肪値が気になるものの，ついつい買って食べてしまう．また，一方，受験生が日々ゲームの誘惑に負けず勉強を続けられるのは，志望校合格という大きなゴールを目指しているからだろう．このように，われわれは日頃，周囲の状況や現在の行動から，即座に得られる結果と長期的な結果の双方の予測をもとに行動を選択している．利益や損失，快楽や苦しみなどの「報酬」は，行動の結果直ちに得られるものと将来的に遅れをもって与えられるものとがあるが，その双方を正しく予測し，その適切なバランスをもとに行動を選ぶことは人間の知的機能にとって非常に重要である．たとえば，将来的に大きな報酬が得られる行動よりも，即時的に少ない報酬を得られる行動を頻繁に選んでしまう「衝動的選択」は，短期と長期の報酬予測のバランスが崩れることと考えることができる．本章では，時間にかかわる意思決定の脳のメカニズムに関して，ヒトを対象としたイメージング実験の結果を中心に紹介する．

3.1　衝動性の計算論

衝動性のモデルとして一般的に用いられているのが，時間割引モデルである（Ainslie, 1975）．時間とともに価値が減衰していくという「割引価値」によって，行動と報酬の間に時間遅れが存在する「遅延報酬」の選好を説明するものである．

$$DV\ (\text{割引価値}) = u\ (\text{効用関数}) \times g\ (\text{割引関数})$$

異なる大きさの報酬が，異なる時間遅れで得られる「異時点間選択問題（intertemporal choice problem）」では，人間を含む動物の選択行動は時間割引モデルに基づいていることが実験で確かめられている．具体的には，報酬までの時間を操作し，時間に関する選択をプロットすることで，割引関数 g を推定するという手法がとられている．このモデルでは，報酬 R が得られるまでの時間 D が長ければ長いほどその価値は減少するが，減少関数には現在大きく分けて 2 種類の関数が候補としてあがっている．初期のモデルとしては，指数関数 $V = R\exp(-k_eD) = R\gamma^D$ が考えられた．このモデルでは，最初遅延報酬の価値が即時報酬よりも大きい場合，割引率 $k_e(0 \leq k_e)$ もしくは割引係数 $\gamma(0 \leq \gamma < 1)$ の値によらず，その大小関係は逆転しない（割引率 k と割引係数 γ の関係は $\gamma = \exp(-k)$ である）．これは，遅延報酬を選択していたのに，即時報酬がもらえる直前に即時報酬に選択を切り替えるという現象（preference reversal）を説明できない．そのため，後に preference reversal を説明できる双曲関数 $V = R/(1 + k_yD)$ が主流となった（Ainslie, 1975）．双曲関数では，割引率 $k_y(0 \leq k_y)$ の値によって，即時報酬がもらえる直前に，即時報酬と遅延報酬の価値の逆転が起こる．

経済学では，指数割引と双曲割引の違いは，選択の時間整合性によって定義される．時間整合性とは，「今日選んだ選択肢を，明日も一貫して選ぶかどうか」ということである．指数割引では，割引率がつねに一定であるため，今日選んだ選択肢を将来にわたりずっと選び続ける（時間整合性）．一方，双曲割引では，割引率が時間とともに減少する．つまり，近い将来ほど大きく割り引くため，今日選んだ選択肢の価値が，明日選ぶ時点で変わっていることもありうるのである（時間非整合性）．たとえば，「明日からダイエットする」といいながら，明日になったらまた「明日から」という「先延ばし行動」は，双曲割引から導き出すことができる．

割引率の値は，ネズミやハトに，目の前にある餌 1 粒か，何秒か後にもらえる餌 10 粒かを選ばせる，といった異時点間選択問題における選択によって推定できる（Mazur, 1987）．はじめは 1 粒も 10 粒も同じ時間遅れにしておくと，動物は当然 10 粒を選ぶ．そこで 10 粒もらえるまでの時間を徐々に長くしていくと，ある時点で動物は 10 粒からすぐにもらえる 1 粒のほうを選ぶようになる．この時点の付近において，すぐにもらえる 1 粒の割引価値と，時間のかかる 10 粒の割引価値が等しくなった（indifference）と考えることにより，動物の割引率を推定することができる．

衝動性の要素のひとつである「衝動的選択」とは，異時点間選択問題において，すぐに得られる小さい報酬を，時間遅れのある大きい報酬よりも不自然に頻繁に選ぶことで定義される．この場合，割引率は大きい値で推定される．つまり，衝動的選択は大きい割引率での時間割引モデルで説明できるというわけである．この割引率は，選択をする際にどれぐらい先の利益まで視野に入れて予測するかという「前向き（prospective）の視野」の長さといえる．前向きの視野が短ければ，すぐ先の報酬しか見えず，衝動的な選択に陥ると解釈ができる．

一方，動物を用いた実験では，人のように課題の仕組みに関して説明ができないため，どの行動が即時報酬で，どの行動が遅延報酬をもたらすのかを，まずはトレーニングで学習する必要がある．このような，遅延報酬をもとにした行動学習には，前向きの視野のみでなく，「後ろ向きの視野」の長さも重要となる．遅延報酬をもとにした行動学習では，過去の行動と現在の報酬の関連性を学習する必要がある．後ろ向きの視野が短ければ，直前に選択した行動とのみ関連づけをするため，遅延報酬とその原因である選択行動との関連づけは，結果と過去の行動の間に時間が経過するほど，関連づけは困難になる．つまり，現在の利益をどれぐらい過去の行動までさかのぼって関連づけするかという「後ろ向き（retrospective）の視野」の長さによって，みかけ上は前向きの視野が短い場合と同じ選択に陥ることがありうるのである．まとめると，衝動的選択は，前向きの視野の短さ（割引率の大きさ）だけでなく，後ろ向きの視野の短さでも説明ができるということである．

「前向きの視野」からの学習では，将来の報酬の総額の期待値は，価値関数として推定され，行動はこの価値関数と実際に得られた報酬との誤差によって強化される．具体的には，状態 $s(t)$ のもとで行動 $a(t)$ をとると報酬 $r(t)$ が得られ，その結果状態が $s(t+1)$ に遷移するという環境のもとで，将来得られる報酬の重み付きの期待値

$$V(s(t)) = E[r(t+1) + \gamma r(t+2) + \gamma^2 r(t+3) + \cdots] \tag{1}$$

を最大化するような行動規則（policy）を求める問題として定式化される．式（1）における γ は，報酬評価の割引係数であり，1 に近いほど遠い将来に得られる報酬のことまで考慮して学習しようということになる．また，評価関数の誤差

$$\delta(t) = r(t) + \gamma V(s(t)) - V(s(t-1)) \tag{2}$$

は，temporal difference（TD）信号と呼ばれ，これに比例した分だけ古い状態の価値の予測を修正することで，状態の評価の学習に使われる．また，TD 信号が正であれば行動 $a(t)$ をとる確率 $P(a(t)|s(t))$ を増やし，逆に負であればその確率を下げるという形で行動規則の強化信号としても働く．

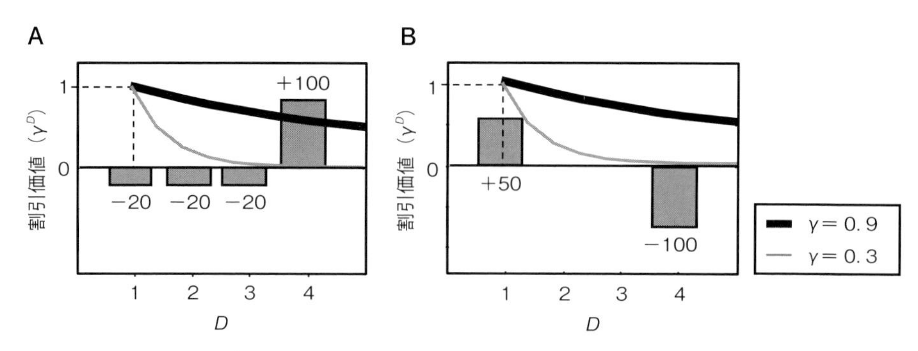

図 3.1 割引係数が強化学習エージェントのふるまいに与える影響
A：小さい罰の後に大きい報酬がくる場合と，B：報酬の後に大きな罰がくる場合．割引係数の値が小さいと，目先の報酬に対する重みが大きいため，どちらの場合でも最適な行動をとることができない．

上記の報酬予測の式において，割引係数γの設定により目先の報酬にとらわれた行動や，より長期的に見て有利な行動が選択される．γが小さいと将来の報酬に関する価値が急激に減衰し，近視眼的な報酬に基づく行動をとるようになる．それに対して，γが大きいと将来の報酬に関する価値はゆるやかに減衰するため，長期的な報酬予測が可能となると考えられる．γは，いわば「前向きの視野」の長さをコントロールするパラメータといえる．

図 3.1A のような小さい罰のあとに大きい報酬がくるような状況（$\gamma=0.3$ の場合）では，将来の報酬に対する重みがすぐに減衰するため，$t=4$ にある大きな報酬に対する重みが小さく，$t=1, 2, 3$ にある罰に対する重みが大きくなり，$t=1$ 状態での価値は $V=-20+0.3\times(-20)+0.3^2\times(-20)+0.3^3\times 100=-25.1$ と負になり，この行動は「やらないほうがまし」と判断される．一方，$\gamma=0.9$ の場合は，将来の報酬に対する重みがなかなか減少しないため，価値は $V=18.7$ と正になり，この行動は「損して得を取る」行動となる．また図 3.1B のような報酬の後に大きい罰がくるような状況では，γが小さい（$\gamma=0.3$）と価値は正（$V=47.3$）になるため，「ついやってしまう」行動となるが，γが大きい（$\gamma=0.9$）と負（$V=-22.9$）になるため，「危ないことはやらない」と判断される．このように，強化学習エージェントの割引係数γが小さいと，その行動は「衝動的」な側面をもつといえる．

後ろ向きの視野を考慮した学習方式として eligibility trace という概念を導入

する（Sutton and Barto, 1998）．過去の行動に対して減衰する eligibility trace を保持しておき，報酬のタイミングで eligibility trace に比例して行動を強化する方式である．Eligibility trace とは，現在の報酬に，過去のある行動がどれぐらい影響を与えているかを示す，一種のトレース記憶である．ある行動の eligibility trace は，その行動が選ばれたら +1，それ以外では係数 λ で減衰する．

$$e_i(t) = \begin{cases} \lambda e_i(t-1) + 1 & (a(t) = a_i), \\ \lambda e_i(t-1) & (a(t) \neq a_i) \end{cases} \tag{3}$$

しばらく選んでいない行動の eligibility trace は減衰し，現在の報酬との関連性は低くなる．一方，近い過去に頻繁に選んだ行動の eligibility trace は，現在の報酬との関連性は高いと考えられる．この値に応じた分だけ，価値関数の更新に TD 誤差が反映される．

$$V(t) \leftarrow V(t) + \alpha e_i(t)\delta(t) \tag{4}$$

eligibility trace の減衰の割合は，トレース減衰係数 λ によってコントロールされる．λ が大きいと，遠い過去に選んだ行動に対しても現在の報酬との関連づけを行い，λ が小さいと，近い過去に選んだ行動に対してのみ現在の報酬との関連づけを行う．

われわれは，この前向きの視野の長さを決めるパラメータである割引率および，後ろ向きの視野の長さを決めるパラメータであるトレース減衰係数のどちらもが，セロトニンと関与することを示唆する結果を得ている（3.6 節「衝動性と記憶の割引」参照）．

3.2　時間割引と社会行動

時間割引問題は社会経済学の研究テーマとしても扱われている．この問題を調べた研究に，米国で 1960 年代に行われた「マシュマロテスト」がある．これは，4 歳児にマシュマロを一つ渡し，実験者が部屋を空ける間に食べるのを我慢したらもう一つあげるといって，子どもたちの行動を調べた実験である．10 年後の追跡調査で，20 分待って二つもらったグループは，目の前の一つを食べたグループよりも，学業面で優れ，健全な対人関係を築いていたことが報告されている（Shoda et al., 1990）．

また，時間割引は肥満と関係があることが近年の研究で明らかになっている．「食事」を食料という財の消費として経済学的に考えると，摂取カロリー量と体重の関係は，時間的な遅れがあるので，人々は現在食べる量と将来の体重との間の異時点間の選択問題に直面して，食べる量を決定している．つまり，現在より多く食べるという「報酬」と，将来体重が増えて健康を悪化させるという「罰」のどちらを取るか，ということが肥満を決定しているといえる．割引率が大きい（割引係数が小さい）ほど，目先の報酬を重視し，将来の罰を軽視するため，肥満になりやすい．また，双曲割引では，遠い将来のことだと忍耐強い選択をしても，近い将来のことになると忍耐強さがなくなるため，前述のとおり，食事前にダイエットの決意を一度しても，食事になるとダイエットを先延ばしするという行動をとることになり，肥満になりやすくなってしまう．逆に，肥満になりにくい異時点間の意思決定の特性に符号効果と呼ばれるものがある．符号効果とは，将来の罰に対する割引率が，将来の報酬に対する割引率より小さい場合のことをいう．符号効果が大きい人は，将来体重が増えるという罰の割引が小さいため，「これを食べて将来太ったらいやだなあ」という意識が強く，肥満にはなりにくい．大阪大学の池田らの研究では，時間割引率の特性と体重，身長に関する質問紙調査を用いて，両者の関係を統計的に分析し，時間割引率が高い人，双曲割引による後回し行動を取る人，符号効果が小さい人は，肥満である傾向が高いことを明らかにした（Ikeda et al., 2010）．

3.3 時間割引の脳機構

脳内修飾物質であるセロトニン（serotonin, 5HT）が時間割引にかかわることは古くから臨床において示唆されており（Soubrie, 1986），数多くの動物実験によって示されている．ラットにおいて，セロトニン産生ニューロンの存在する背側縫線核への特異的セロトニンの神経毒注入によるセロトニン経路の破壊で，時間遅れの後に得られる大きい報酬よりも，すぐに得られる小さい報酬を頻繁に選択する衝動的選択が生じたことが報告されている（Wogar et al., 1993）．これらの実験から，セロトニン濃度が割引率に対応するというモデルが提唱されている（Ho et al., 1999）．

特定の脳部位が衝動性にかかわるという報告も数多くされている．カーディナル（Cardinal）らは，ボタン押しで報酬が得られる条件づけ課題をラットに行わせた（Cardinal et al., 2001）．片方のボタンを押すとすぐに1ペレット分の報酬が得られ，もう一方のボタンを押すと数十秒の時間遅れの後4ペレット分の報酬が得られる．このタスクにおいて側坐核の core を破壊されたラットは，時間遅れの後に得られる大きな報酬ではなく，すぐに得られる小さな報酬を選ぶ傾向があったことから，側坐核の core が衝動的選択に深くかかわる部位であると報告している．モビニ（Mobini）らの実験では，前頭連合野眼窩部を破壊されたラットも衝動的な選択をすることが報告されている（Mobini et al., 2002）．

このように衝動性は，セロトニンという物質レベルで引き起こされるという場合と，特定の脳部位損傷によって引き起こされるというネットワークレベルでの場合の，それぞれのレベルからの解明が行われているが，これら二つのレベルの現象をすべて説明するようなモデルは存在しない．つまり，セロトニンがこれらの脳部位とどのようにかかわり衝動性を引き起こしているのかはよくわかっていない．そこで銅谷はこれらの知見から，次のようにセロトニンの機能に関する仮説を唱えた（Doya, 2000）．

①脳内には短期的な報酬から長期的な報酬まで，様々な時間スケールでの予測を行うネットワークが並列的に存在する．

②脳幹の縫線核から脳の広範な部位に送られるセロトニンが，これらのネットワークの活動を調節することで，報酬予測の時間スケールパラメータ（割引係数）を制御する．

次節からは，これらの仮説を検証するために行った二つの実験を紹介する．

3.4　時間割引の脳機構に関する実験

まず，異なる時間スケールでの報酬予測にかかわる脳機構を明らかにするために，長期的な報酬の予測と短期的な報酬の予測がそれぞれ必要な行動学習課題を新たに考案し，ヒトが予測を行っている時の脳活動を，機能的磁気共鳴画像法（fMRI）を用いて測定した（Tanaka et al., 2004）．

fMRI は非侵襲的な脳機能計測手法の一つである．局所脳血流の増加と神経活動によるエネルギー消費の増大が関連していることを前提とし，脳内の神経活動にともなう血流変化を，局所磁場の変化から測定し画像化する．時間解像度は数秒であるが，今回調べようとするセロトニン系の影響を受ける大脳皮質，皮質下構造などの活動の変化は十分測定可能である．

20 人の被験者は，MRI 装置の中でボタン押し課題を行った（図 3.2A）．画面上に提示される 3 種類の図形に対して，左右それぞれのボタンに応じた報酬

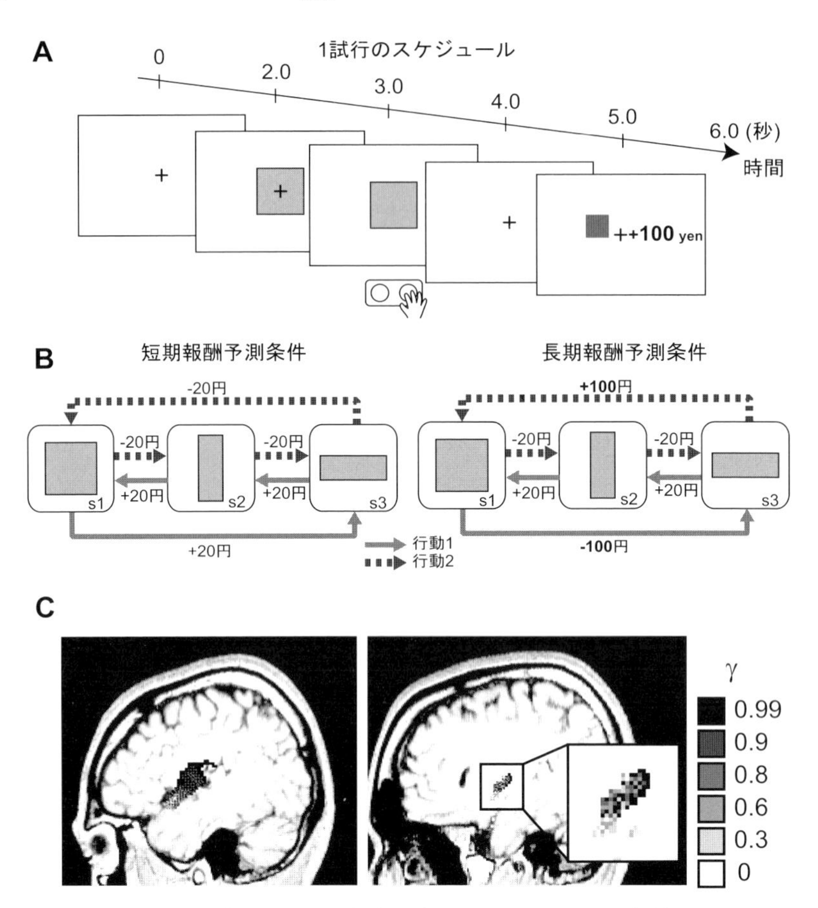

図 3.2　実験 1 の課題と結果（Tanaka et al., 2004, 改変）

A：実験課題．被験者はディスプレイ上に現れる 3 種類の図形に対して，二つのボタンのどちらを押せばよいかを学習する．図形とボタンの組み合わせにより，そのとき得られる報酬金額と，次に現れる図形が決定される．B：短期報酬予測条件では，つねに正の報酬の得られる行動 1 が最適行動である．それに対し長期報酬予測条件では，大きい報酬を得るためには借金をしなくてはならない，いわゆる「損して得取る」行動 2 が最適行動となる．C：理論モデルに基づいた脳活動データ解析の結果．（左）島皮質には報酬予測との相関が，（右）線条体には報酬予測誤差との相関が見られた．グレースケールが割引係数を示しており，色が薄いほど小さい割引係数（短期の時間スケール）に対応している．

と，次に表示される図形が決定されるというマルコフ決定問題になっている（図 3.2B）．被験者はディスプレイ上に現れる 3 種類の図形に対して，二つのボタンのどちらを押せばよいかを試行錯誤によって学習し，最終的により多くの報酬を得られるような行動を取得する．短期報酬予測条件では，被験者は単純に各図形に対して，より多くの報酬金額を与えるボタン（行動1）を押すことを学習する．一方，長期報酬予測条件において大きな正の報酬が得られる図形を呼び出すには，まず小さな負の報酬を受けるボタン（行動2）を選ばねばならない．つまり，目先の報酬にとらわれていては，長い目で見て最適な行動を取ることができない．この二つの条件で被験者に交互に学習を行ってもらい，その脳活動を比較した．

その結果，短期報酬予測条件では前頭連合野眼窩部や大脳基底核の一部に，長期報酬予測条件では前頭連合野や頭頂葉，大脳基底核，小脳，また脳幹でセロトニンを伝達する細胞を多く含む縫線核に活動の増加が見られた．

次に，脳の各部位がどのような時間スケールにおける報酬予測にかかわるかを調べるために，被験者の脳活動データをモデルに基づいて解析した（図3.3）．各被験者が実際に経験した図形と報酬の時系列を，学習プログラム（強化学習アルゴリズムを使用）に疑似体験させ，報酬予測の学習を行わせた．この際，異なる時間スケールの報酬予測は脳の異なるネットワークがかかわるという仮説に基づき，予測の時間スケールを決めるパラメータ（割引係数）を6通りに変えて学

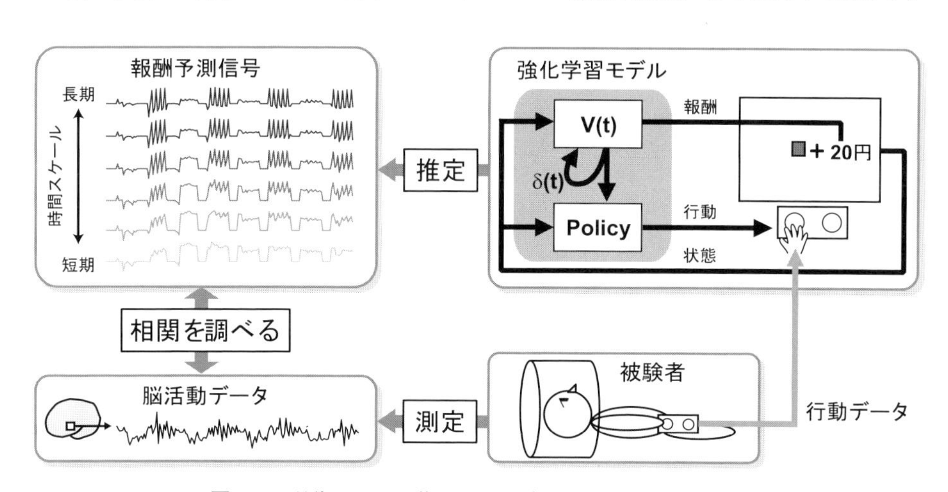

図3.3 理論モデルに基づいた脳活動データ解析の概略図

各被験者が実際に経験した図形と報酬の時系列を，強化学習のプログラムに疑似体験させ，報酬予測の学習を行わせた．この際，異なる時間スケールの報酬予測は脳の異なるネットワークがかかわるという仮説に基づき，予測の時間スケールを決める割引係数（γ）を6通りに変えて学習を行わせた．このようにして学習プログラムが推定した各被験者にとっての報酬の予測値と予測誤差信号と，各被験者の脳活動データとの相関を調べた．この解析において，それぞれの信号と高い相関の見られた部位は，その信号の計算にかかわる可能性が高いことを示している．

習を行わせた．このようにして学習プログラムが推定した各被験者にとっての報酬の予測値と予測誤差信号と，各被験者の脳活動データとの相関を調べた．この解析において，それぞれの信号と高い相関の見られた部位は，その信号の計算にかかわる可能性が高いことを示している．

その結果，島皮質の腹側部から背側部に向けて，短い時間スケールから長い時間スケールでの報酬予測値に相関する脳活動のマップを発見した（図 3.2C 左）．また大脳基底核の入力部にあたる線条体では，その腹側部から背側部に向けて，短い時間スケールから長い時間スケールでの報酬予測誤差に相関する活動のマップを発見した（図 3.2C 右）．この結果は，島皮質と線条体の間に部位対応連絡が存在するという解剖学的所見とも一致していた（Chikama et al., 1997）．今回の実験結果は，これまで情動的な機能を司るとされていた線条体腹側部を含むネットワークが短期的な報酬予測にかかわり，より高次な認知的機能を司るとされてきた線条体背側部を含むネットワークが長期的な報酬予測にかかわるという，並列ネットワークの時間スケールでの機能分化を示唆している．

3.5　セロトニンと時間割引の関係

次に，セロトニンと時間割引の関係を調べるために，セロトニンの前駆物質であるトリプトファンの経口摂取により，被験者のセロトニンレベルを人為的に調整した状態で，報酬予測課題を行わせ，そのときの脳活動を測定した（Tanaka et al., 2007）．

12 人の被験者（男性，右利き）は，セロトニン前駆物質のトリプトファン混合飲料（不足状態，コントロール状態，過剰状態）を 1 日に 1 種類飲み，3 日間にわたりそれぞれのセロトニンレベルで実験タスクを行った．この実験は，被験者のみならず実験者も，その被験者がその日どの条件か知らないという二重盲検法によって行われた．

図 3.4A に実験課題を示す．各試行の始まりにおいて，スクリーンには中央の固視点を挟んで，左右に複数の黒色のモザイクでおおわれた白色と黄色の正方形が現れる．固視点が赤色になったと同時に被験者は右，左どちらかのボタンを押す．すると次の画面（6 秒後）では，選択したボタンに対応する正方形のモザイクの数が減る．このステップを何回か繰り返し，どちらかの正方形のモザイクが完全になくなった時点で，白色の正方形ならジュース 1 滴，黄色ならジュース 4

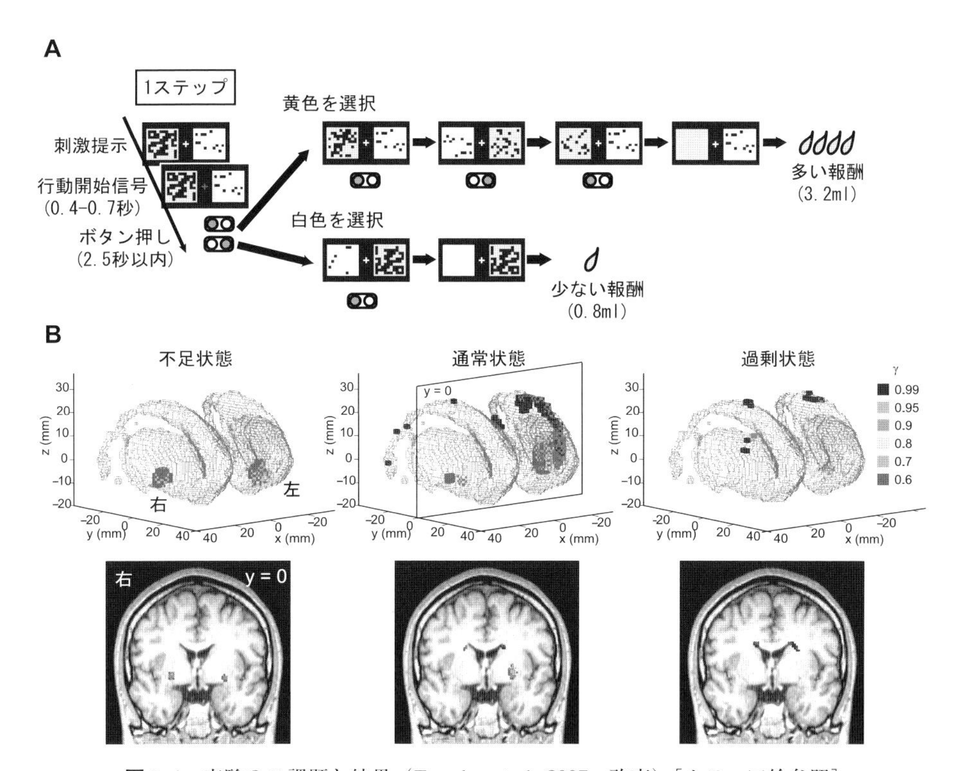

図 3.4　実験 2 の課題と結果（Tanaka et al., 2007，改変）［カラー口絵参照］
A：実験課題．各試行の始まりにおいて，スクリーンには中央の固視点を挟んで，左右に複数の黒色のモザイクでおおわれた白色と黄色の正方形が現れる．固視点が赤色になったと同時に被験者は右，左どちらかのボタンを押す．すると次の画面（6 秒後）では，選択したボタンに対応する正方形のモザイクの数が減る．このステップを何回か繰り返し，どちらかの正方形のモザイクが完全になくなった時点で，白色の正方形ならジュース 1 滴，黄色ならジュース 4 滴が口元のチューブへ送られる．この課題において被験者は，一定時間中により多くの報酬を得ることを要求され，モザイクの初期状態，1 ステップあたりモザイクの減る数と報酬の関係から，どちらの色を選ぶのが良いかを考えながらボタンを選択する．B：理論モデルに基づいた脳活動データ解析の結果．カラースケールが割引係数を示しており，寒色が小さい割引係数に対応している．

滴が口元のチューブへ送られる．この課題において被験者は，一定時間中により多くの報酬を得ることを要求され，モザイクの初期状態，1 ステップあたりモザイクの減る数と報酬の関係から，どちらの色を選ぶのが良いかを考えながらボタンを選択する．

1 試行中の報酬予測に関する脳活動を捉えるために，計算モデルに基づいた脳活動データ解析を行った．被験者の実際の行動データから推定した報酬予測とfMRIデータの相関を調べた（図3.4B）．コントロール状態では線条体に，腹側部から背側部に向けて，大きい割引係数から小さい割引係数での報酬予測にかかわる活動が見られた(図3.4B中央)．この結果は，異なる割引係数での報酬予測は，線条体を経由する異なる並列回路がかかわることを示した先行研究の結果と一致している（Tanaka et al., 2004）．それに対し，セロトニンレベルが低い状態では，線条体の腹側部のみに大きい割引係数での報酬予測にかかわる活動が見られ（図3.4B左），セロトニンが高い状態では，線条体の背側部のみに小さい割引係数での報酬予測にかかわる活動が見られた（図3.4B右）．この結果は，脳のなかに，異なる割引係数で報酬予測を行う線条体を経由する並列回路が存在し，セロトニンが線条体の活動を調節することでそれらのネットワークの活動を調節しているというメカニズムを示唆しており，セロトニンが割引係数を調節するという仮説を支持する結果である．

3.6　衝動性と記憶の割引

異時点間の選択問題には，将来の報酬に対する時間割引に加え，過去の記憶の時間割引も重要な要素になる．われわれは日頃，遅れてやってくる結果からより良い行動を学ばなければならないことがしばしばある．たとえば囲碁や将棋は，多数の「手」を積み重ねて，最終的に勝ち負けという結果が得られる．より強くなるためには，「ここで負けたのはどの手が原因だったのか」という結果と過去の行動との関連づけが重要になる．そうすることで，次に同じような状況になったときに，同じ失敗を繰り返すことがなくなる．しかし日頃の経験からわかるように，結果と過去の行動の間に時間が経過するほど，その関連づけは困難になる．

このような，結果と過去の行動を正しく関連づけできるかは，将来のできごとを予測して正しい行動をとる能力と深く関連している．異時点間の選択問題においては，どれぐらい先の利益まで視野に入れて予測するか（時間割引）だけでなく，現在の利益をどれぐらい過去の行動までさかのぼって関連づけするかも重要になる（3.1節「衝動性の計算論」参照）．長い時間待って大きい利益が手に入ったときに，それをもたらした過去の行動との関連づけができないと，関連づけが容易であるすぐにもらえる小さい利益ばかりをとってしまう可能性がある．筆者らは，セロトニンがどれぐらい過去の行動までさかのぼって関連づけするかにど

うかかわっているかを調べるために，被験者の脳内セロトニンレベルを調節して，過去の行動と関連づけをしないと解けない問題を解いているときの学習の違いを調べた（Tanaka et al., 2009）．

21人の被験者（男性，右利き）は，1週間の間隔をあけて合計3日間実験に参加した．各被験者は，各実験日にセロトニンの前駆物質である必須アミノ酸のトリプトファンの濃度が異なる3種類のアミノ酸混合飲料（不足，通常，過剰）のうち1種類を経口摂取し，脳内のセロトニン活性が十分変化したとされる6時間後に実験課題を行った．3日間にどのトリプトファン濃度の飲料を摂取するかは，実験者とは別のコントローラーが決定した（二重盲検法）．

この学習課題（図3.5A）において，被験者は画面上に提示される二つの図形のどちらかを選ぶと，選んだ図形に応じて金額が得られる．図形は全部で8種類あり，それぞれに異なる金額（10円，40円，−10円，−40円）と，その金額が表示される時間遅れ（すぐ，3問後）が設定されている（図3.5B）．被験者はこの図形と金額の関係を知らされていないため，最終的により多くの金額を得るためには，各図形と金額の関係を試行錯誤により学習し，より多い賞金（40円）もしくはより少ない罰金（−10円）の図形を選ぶ必要がある．すぐ結果が表示される図形に関しては学習が容易であるが，3問後に表示される図形に関しては，結果が表示されたときに直前の行動ではなく3問前の行動と関連づけをしないと，その図形の金額を正しく学習することができない．したがって，すぐ結果が表示される図形の選択問題に比べて，より遠い過去の行動までさかのぼって関連づけすることが必要とされる．この二つの時間遅れ問題を，賞金（10円と40円の選択）と罰（−10円と−40円の選択）の条件でそれぞれのセロトニン状態で比較した．

すぐに結果が表示される問題では，すべてのセロトニン状態において，実験が進み試行回数が多くなるほど正解の図形（利益条件では40円，損失条件では−10円）を選ぶという，同じような学習傾向が見られた（図3.5C左上下）．またこれは，賞金でも罰でも差は見られなかった．一方，3問後に結果が表示される問題では，賞金ではすべてのセロトニン状態において同じような学習傾向が見られたものの（図3.5C右上），罰ではセロトニン不足において他の状態に比べて学習が遅いという結果が得られた（図3.4C右下）．

セロトニン不足において，3問後に結果が表示される問題で学習が遅いという

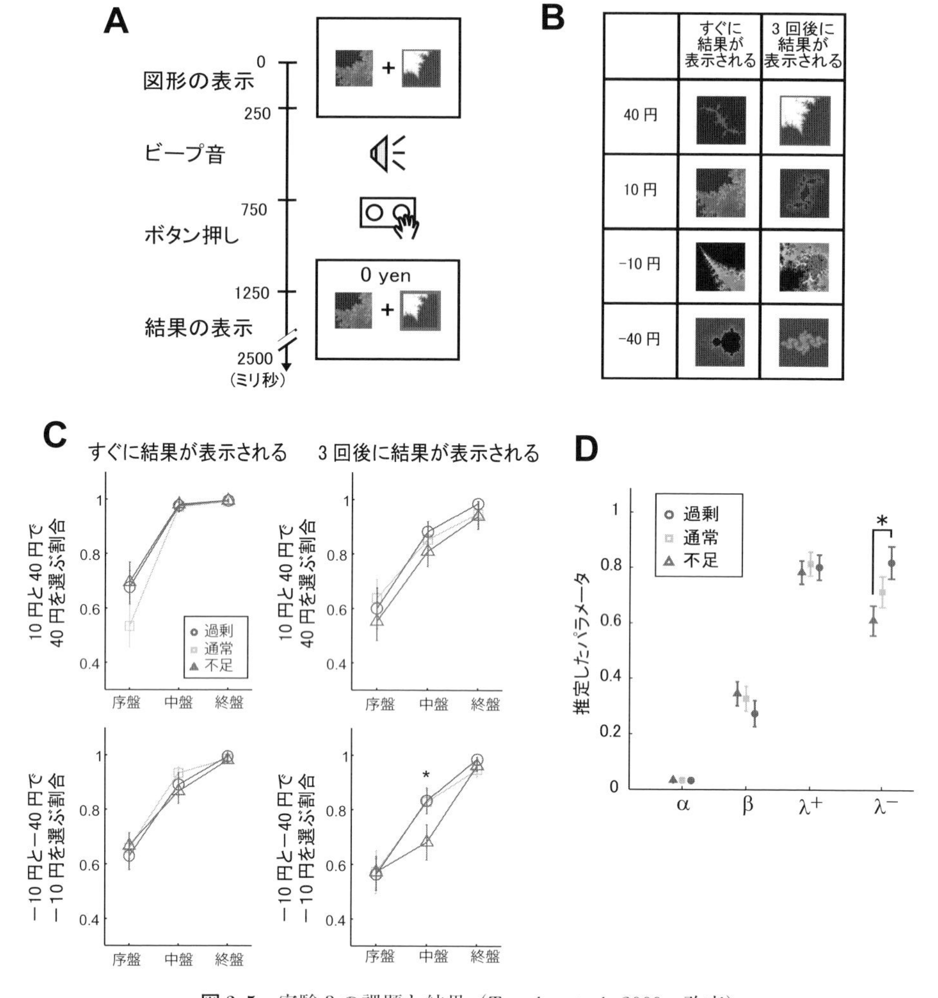

図 3.5　実験 3 の課題と結果（Tanaka et al., 2009，改変）

A：各試行の流れ．画面に二つのフラクタル図形が表示される．ビープ音でどちらかの図形をボタンで選択すると，選択した図形に赤枠が表示され，金額が表示される．B：8 種類の図形の金額と，金額が表示される時間遅れの関係．被験者によって，また実験日によって異なる図形のセットを用いた．C：賞金どうしの選択でより多い賞金を選ぶ割合と，罰金どうしの選択でより少ない賞金を選ぶ割合．学習が進むほど，割合は 1 に近づく．3 回後に表示される罰金どうしの選択で，セロトニン不足状態では，中盤の割合が他のセロトニン状態よりも有意に低い．これは，学習が遅れていることを示している．D：理論モデルを用いて被験者のパラメータを推定した結果，罰金を支払う際にどれぐらい過去の行動まで振り返って関連づけするかを決めるパラメータ（トレース減衰係数）λ- が，セロトニン不足状態で有意に小さい（$p<0.05$）．これは，近い過去しか振り返って関連づけできないことを示している．

結果は，セロトニン不足で結果と過去の行動との関連づけが低下していることを反映しているのだろうか．この点を明らかにするために，結果と過去の行動との関連づけの理論モデルを用いて，被験者の行動データを解析した．具体的には，各被験者が実際に選択した図形と金額の時系列を，強化学習のプログラムに疑似体験させ，被験者の行動を最もよく説明できる学習パラメータを推定した．その結果，被験者が罰金が表示された際に過去の行動をどれぐらい振り返るかというパラメータ（トレース減衰係数）λ^{-} が，各被験者の血中セロトニン濃度と正の相関があることを発見した．このパラメータを三つのセロトニン状態で比較すると，セロトニン不足のときはセロトニン過剰のときよりも有意に小さいことがわかった（図 3.5D）．この結果は，セロトニン不足の状態では，罰金の際に近い過去の 行動しか振り返ることができないことを示しており，実験課題においてセロトニン不足の状態では，3 問前の行動を振り返って関連づけができなかったという結果をうまく説明することができる．

ここまでは，セロトニンと衝動的選択のメカニズムを解明するための一つのアプローチとして，セロトニンの機能モデルとそれを実証するための実験デザインおよび，モデルに基づいた脳活動および行動データ解析を紹介した．しかし，セロトニンの分子レベルでの現象から，fMRI および行動データで観測される変化が引き起こされるまでの，詳細なメカニズムに関する疑問は残る．

その疑問への一つのアプローチが，動物を用いてより詳細なセロトニン機能の測定を行う方法である．銅谷らは，異時点間選択を行っているラットのセロトニンの機能を二つの異なる手法を用いて測定した．背側縫線核のセロトニン濃度をマイクロダイアリシスで測定した結果，遅延報酬を待つ間セロトニンの濃度は有意に高くなった（Miyazaki et al., 2011a）．また，背側縫線核のセロトニン産生ニューロンの活動を測定した結果，ニューロンが活動することで遅延報酬を待つ行動を促すことを示唆する結果が得られた（Miyazaki et al., 2011b）．また，ヒトを対象としたアプローチとしては，直接神経伝達物質を操作するアプローチや，セロトニン機能障害が想定されている精神疾患からのアプローチなどが考えられる．

3.7　損失に対する時間割引の脳機構

時間割引は，将来得られるものが利得や報酬といった正の性質をもつものか，罰金や損失といった負の性質をもつものなのかで，割引の割合が変わることが経済学で調べられている．現実の経済活動において，報酬と損失の間には非対称性が存在する．その一つに，将来の損失が利益の場合ほど割り引かれないという現象（符号効果）がある．たとえば，100 万円の受け取りに対して 1.16% の受取時間割引率が計算されたのに対し，同額の支払時間割引率は 0.22% という結果が

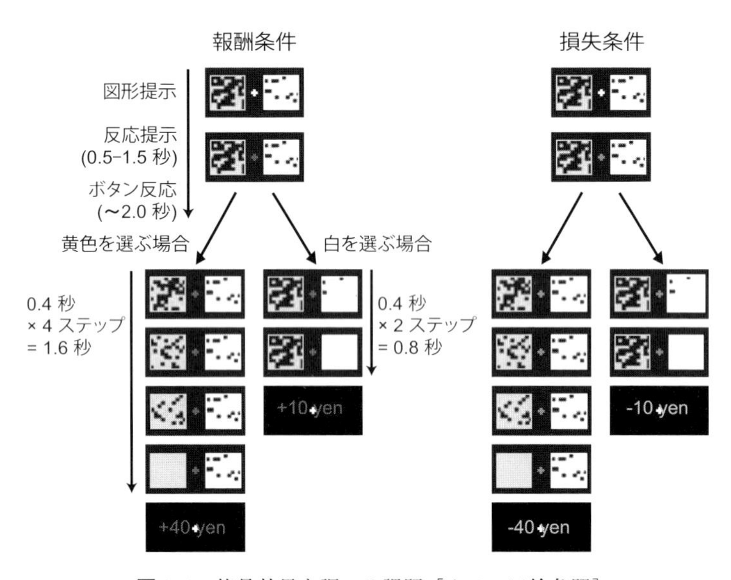

図 3.6　符号効果を調べる課題［カラー口絵参照］
すぐに小さい金額が得られる図形と，それよりも時間がかかるけれど大きい金額が得られる図形を選択する「異時点間選択課題」において，時間遅れを変化させて，実験参加者の選択を調べた．符号効果を調べるために，報酬条件（10 円と 40 円の選択，左図）と，損失条件（−10 円と −40 円の選択，右図）の二つの条件を用意した．短い遅れは約 1 秒〜7 秒，長い遅れは約 6 秒から 26 秒の範囲でランダムに設定した．各試行のはじまりにおいて，被験者の見るスクリーンには中央の固視点を挟んで，左右に複数の黒色のモザイクでおおわれた白色と黄色の正方形が現れる．固視点が赤色になったと同時に被験者は右，左どちらかのボタンを押すと，選択したボタンに対応する位置の正方形のモザイクの数が徐々に減っていく．どちらかの正方形のモザイクが完全になくなった時点で，白色の正方形なら 10 円（報酬条件）もしくは −10 円（損失条件），黄色なら 40 円（報酬条件）もしくは −40 円（損失条件）が得られる．この課題において被験者は，一定時間中により多くの報酬および，より少ない損失を得ることを要求されるため，各試行の始まりのモザイクのおおよその数，1 ステップあたりモザイクの減る数と報酬の関係から，どちらの色を選ぶのが良いかを考えてボタンを選択する必要がある．

報告されている（Ikeda et al., 2010）．ただし，符号効果はすべての人に観察されるわけではない．近年，符号効果の有無が，肥満や喫煙，多重債務などと関係していることが指摘されている．しかし，符号効果の神経科学的なメカニズムは明らかにされていなかった．

筆者らは，「符号効果」のメカニズムを明らかにするため，すぐにもらえる小さい報酬と，時間がかかるが大きな報酬の二択を行う「異時点間選択課題」（図3.6）を，報酬および損失に対して実施し，被験者の報酬および損失に対する時間割引率を推定した（図3.7）（Tanaka et al., 2014）．そして，符号効果の見られた群（損失の割引率が報酬よりも小さい）と符号効果の見られなかった群の脳活動をfMRIにより比較したところ，損失に対する脳活動に差が見られた（図3.8）．具体的には，符号効果の見られなかった群では，損失までの時間遅れに対する線条体の活動および，損失の大きさに対する島皮質の活動が，符号効果の見られた群と逆のパターンだったことがわかった．一方，報酬に対する脳活動には，両群で差は見られなかった．また，各群での報酬と損失に対する脳活動のパターンを比較すると，符号効果の見られた群では，報酬よりも損失において時間遅れや大きさに対してより大きく活動しているのに対して，符号効果の見られなかった群ではその活動パターンは見られなかった．この結果は，脳活動における「損

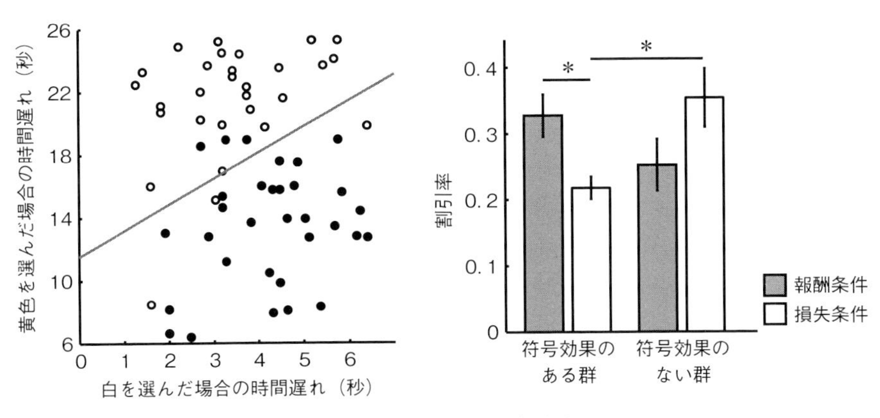

図 3.7 符号効果実験の行動結果
二つの報酬が得られるまでの時間遅れの空間に参加者の全選択（白を選択:○，黄色を選択:●）をプロットして，二つの図形の割引現在価値（将来の報酬・損失に対する現時点での価値）が等しくなる境界線（indifference line，赤いライン）を推定することで，被験者のもつ割引率を求めることができる．境界線の切片が大きいほど小さい割引率に対応している．

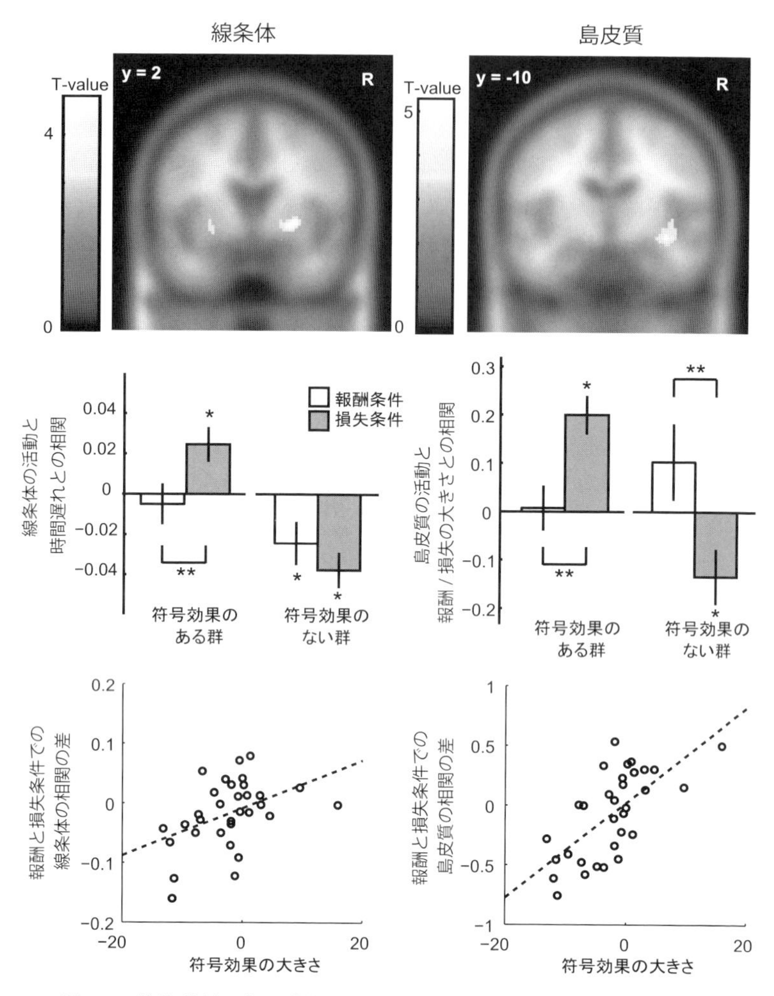

図 3.8　符号効果のある群とない群の脳活動の違い［カラー口絵参照］

符号効果の見られた群と見られなかった群では，損失に対してのみ，線条体（左上図）と島皮質（右上図）に異なる活動が見られた．左中図：符号効果の見られた群では，損失までの時間遅れが長いほど線条体の活動が大きくなったが，符号効果が見られなかった群では損失までの時間遅れが長いほど線条体の活動が小さくなるという，逆の活動パターンが見られた．右中図：符号効果の見られた群では，損失が大きいほど島皮質の活動が大きくなったが，符号効果が見られなかった群では損失が大きいほど島皮質の活動が小さくなるという，逆の活動パターンが見られた．左下図：符号効果の大きさ（報酬と損失の割引率の差）と，線条体の時間遅れに対応する活動の報酬と損失の差の間に，有意な相関が見られた．つまり，符号効果の大きい（報酬と損失の割引率の非対称性が大きい）ほど，報酬と損失の線条体の活動の差が大きいことを指す．右下図：島皮質でも，報酬・損失の大きさに対応する活動の報酬・損失の差と，符号効果の大きさの間に，有意な相関が見られた．

失に対する過大な反応」の欠如が，符号効果の欠如の原因である可能性を示唆している．

「符号効果」は行動経済学において人々の行動特性を示す指標の一つとして知られており，近年の研究で符号効果が見られなかった群では，見られた群よりも肥満や多重債務，喫煙の割合が有意に高かったという報告がされている（Ikeda et al., 2010；Odum et al., 2002）．本研究成果は，これらの社会問題の解明や予防，解決に脳科学から貢献できる可能性を示唆しており，社会的にも重要な成果であるといえる．

おわりに

時間割引の効果は，社会的行動，消費・貯蓄，債務といった経済問題や，肥満といった健康問題にまで関連している．今後時間割引に関する研究成果が，人間の経済行動のより深い理解と，衝動性を抑える臨床的な応用へとつながることを期待している．　［田中沙織］

文　　献

Ainslie G：Specious reward：A behavioral theory of impulsiveness and impulse control. *Psychol Bull* **82**, 463, 1975.

Cardinal RN, Pennicott DR, Sugathapala CL, Robbins TW, Everitt BJ：Impulsive choice induced in rats by lesions of the nucleus accumbens core. *Science* **292**, 2499, 2001.

Chikama M, McFarland NR, Amaral DG, Haber SN：Insular cortical projections to functional regions of the striatum correlate with cortical cytoarchitectonic organization in the primate. *J Neurosci* **17**, 9686, 1997.

Doya K：Complementary roles of basal ganglia and cerebellum in learning and motor control. *Curr opin neurobiol* **10**, 732, 2000.

Ho MY, Mobini S, Chiang TJ, Bradshaw CM, Szabadi E：Theory and method in the quantitative analysis of "impulsive choice" behaviour：Implications for psychopharmacology. *Psychopharmacology* **146**, 362, 1999.

Ikeda S, Kang MI, Ohtake F：Hyperbolic discounting, the sign effect, and the body mass index. *J Health Econ* **29**, 268, 2010.

Mazur JE：In Quantitative Analyses of Behavior (Commons ML, Mazur JE, Nevin JA, Rachlin H eds), Erlbaum, Hillsdale, vol. 5, pp. 55-73, 1987.

Miyazaki KW, Miyazaki K, Doya K：Activation of the central serotonergic system in response to delayed but not omitted rewards. *Eur J Neurosci* **33**, 153, 2011a.

Miyazaki K, Miyazaki KW, Doya K：Activation of dorsal raphe serotonin neurons underlies waiting for delayed rewards. *J Neurosci* **31**, 469, 2011b.

Mobini S et al：Effects of lesions of the orbitofrontal cortex on sensitivity to delayed and

probabilistic reinforcement. *Psychopharmacology* **160**, 290, 2002.
Odum AL, Madden GJ, Bickel WK : Discounting of delayed health gains and losses by current, never- and ex-smokers of cigarettes. *Nicotine & tobacco res* **4**, 295, 2002.
Shoda Y, Mischel W, Peake PK : Predicting adolescent cognitive and self-regulatory competencies from preschool delay of gratification : Identifying diagnostic conditions. *Dev Psychol* **26**, 978, 1990.
Soubrie P. : [Serotonergic neurons and behavior]. *J Pharmacol* **17**, 107, 1986.
Sutton RS, Barto AG : Reinforcement Learning : An Introduction, A Bradford Book, 1998.
Tanaka SC et al : Prediction of immediate and future rewards differentially recruits cortico-basal ganglia loops. *Nature neurosci* **7**, 887, 2004.
Tanaka SC et al : Serotonin differentially regulates short- and long-term prediction of rewards in the ventral and dorsal striatum. *PloS One* **2**, e1333, 2007.
Tanaka SC et al : Serotonin affects association of aversive outcomes to past actions. *J Neurosci* **29**, 15669, 2009.
Tanaka SC, Yamada K, Yoneda H, Ohtake F : Neural mechanisms of gain-loss asymmetry in temporal discounting. *J Neurosci* **34**, 5595, 2014.
Wogar MA, Bradshaw CM, Szabadi E : Effect of lesions of the ascending 5-hydroxytryptaminergic pathways on choice between delayed reinforcers. *Psychopharmacology* **111**, 239, 1993.

両刃なる情動

―合理性と非合理性のあわいに在るもの―

古代ローマの神話によれば，この世を統治する大神ジュピターは，1 対 24 の割合で，理性を人の頭に，情動を人の身体全体に配したという．人の愚かさのすべては後者に由来するところであり，前者がつねに監視の目を光らせていなければ，人は容易に獣に堕してしまう．人は長く，こうした理性と情動の主従の関係性を暗黙裡に信じてきたのかもしれない．現代の情動研究者の 1 人であるハイト（Haidt, 2013）もまた，巨大な体躯をなした象を情動に，そしてその乗り手を理性に擬えている．その喩えは，一見，ローマ神話のそれときわめて近しいものに見えるわけであるが，しかしながら，そこでの主従の関係性は明らかに逆転している．ハイトによれば，乗り手たる理性の仕事は象たる情動を御すことではなく，むしろそれに仕えることなのである．人の日常における重要な判断や意思決定の大半は，種々の情動に下支えされた直感によっているのであり，理性は基本的にその後をついていくものとして在るというのである．

本章が企図するところは，こうした現代に至るまでの情動観の変遷をたどりながら，人の情動の合理的な機能性を見直すことである．しかし，当然のことながら，人の情動が完全なる合理性を備えているわけではない．本章では，情動を合理性と非合理性のあわい（間）に在るもの，あるいはそれらが背中合わせになったものととらえ，その両刃的な本性に関して考察を行うことにする．

4.1　西欧思潮に見る情動観の二重の歴史

本章で筆者が依拠する心理学は，基本的に西欧哲学の延長線上に築かれているといえる．西欧思潮のなかで，情動に関する刮目がいったい，いつの時代に始まったのか，筆者はそのはじまりを正確に知るものではない．しかし，そこには情動の合理性と非合理性をめぐる，相対する二重の歴史があったように思われる．以下では，非合理性を前提視する情動観のいわば正史（多数派によって正統とされてきた表の歴史）と，そのかげに在って，逆にそれを訝り，部分的にではあっても，その合理性を見出そうとした情動観のいわば稗史（少数派によって語り継がれてきた裏の歴史）について，多少ともふれておくことにしよう．

a. 情動観の「正史」：非合理性の権化たる情動

20世紀の半ば，心理学界において行動主義がまだ華やかなりし頃，その先導者たるスキナーは，米国の思索家ソローの手による『ウォールデン：森の生活』に想を得て，自ら，心理学的ユートピア小説『ウォールデン・ツー』（Skinner, 1948）を書き上げた．そして，そこで，彼は，情動が人間の心の平穏や身体的な健康などに対していかに無用かつ有害であるかを諄々と説いた．20世紀の心理学をほぼ半世紀以上にもわたって支配し続けた行動主義は，情動を，科学的研究の対象として歯牙にもかけることをしなかったといっても過言ではない．情動は，それこそ行動主義心理学者が，曖昧模糊として客観的な科学的近接が不可能だとした「心」の最たるものであったし，また，人の行動の法則性に適わないもの，時にはそれをかき乱す非合理性の権化以外の何ものでもなかったのである．スキナーをはじめ，多くの論者が，たとえば，親が子どもに対してごく自然に抱き，表す愛情でさえも，本源的に人の生活にはなんら意味をもたないものとみなしていた．行動主義に染まった多くの学識者は，子どもに対する抱擁や接吻といった愛情の度重なるあからさまな表出は，子どもの発達に明らかに害悪をもたらすものであり，親はそれを何としてでも克服すべきだと公言していたのである（Niedenthal et al., 2006）．

実のところ，こうした思潮は，むろん，行動主義に始まったものではない．それどころか，それは，ソクラテス（Socrates），プラトン（Plato）以来の西欧哲学の系譜のなかで暗黙裡に脈々と受け継がれてきたものにほかならない．たとえば，プラトンは，人の魂が理性と熱情というまったく異種なる2頭の馬車馬によって引かれる様を思い描いていた（Evans, 2001）．彼の想念のなかでは，あくまでも，理性は魂を正しき方向へと導く端正美麗な「賢馬」であり，他方，熱情は魂を悪しき方向へと駆る胡乱醜悪な「悍馬」であった．この「賢馬」と「悍馬」は時に「主人」（master）と「奴隷」（slave）にも擬えられ，まさに奴隷たる情動は主人たる理性にもっぱら付き従うべきものとして在り，そして，その主従関係が確かに遵守され，維持されているときこそが，人の心が最も崇高・安穏なものとして在り，また最大限に合理性と機能性とを発揮しうる状態と把捉されていたのである．

その後，こうした古代ギリシアの情動観は，古代ローマのストア哲学へと継承されていくことになる．それは，ソクラテスやプラトン以上に理性至上主義を高らかに謳い，情動とは世界に対する非合理な誤認識から発するものであり，それから完全に解放された状態こそが，人の魂に究極の安定と平静，すなわちアパティア（apathia）をもたらすのだと主張していたのである（e. g. Solomon, 2003, 2008）．そして，このストア哲学のまさにストイックな（ストア哲学的な＝克己禁欲主義の）思想が，その後，人の卑しき情動と欲望とを忌む，いわゆる七つの大罪の戒めに象徴されるがごとく，中世キリスト教神学のなかに取り込まれ，長く，そして広く西欧人の精神構造における一種の通奏低音をなしていくことになる（Oatley, 2004）．

そして20世紀において，その長く潜在意識として在った情動に対する見方を顕在化させたのが行動主義であったといえるのかもしれない．むろん，この後，20世紀も後半にさしかかる頃になると，行動主義は徐々に衰退の道をたどることになるわけであるが，その時点でもまだ，情動は心理学のなかでは相対的にマイナーなものであったといわざるをえない．確かに，時に「認知革命」ともいわれる大きな時代のうねりのなかで，行動主義ではブラック・ボックスとされた「心」（情報処理過程）の中身に，科学的なメスが入れられることになるのだが，そこで中心的に問われたのは，知覚であり，認知であり，他方，情動や動機づけはそこでも，ある意味，蚊帳の外だったのである．それらは，あくまでも人の心の法則性や合理性を前提視する認知主義の計算論的アプローチには，基本的にそぐわないものとされた（Konner, 2010）．

b. 情動観の「稗史」：合理性の核なる情動

上で述べたように，情動は，つい最近まで，科学のなかでさえも，どこかで獣的・獰猛・無秩序・非合理とみなされてきたのだと考えられる．しかし，私たちは，こうした支配的な情動観の歴史のかげに，それとはベクトルを真逆にする，もう一つの情動観があったことを忘れてはならないだろう．

たとえば，古代ギリシアの時代に在って，アリストテレス（Aristotle）は，その師，プラトンとは異なる情動観を有していた．彼は，いわゆる中庸（メソテース，mesotes）の徳の教えにあるように，極端に走らない限りは，怒りなどのネガティヴな情動も含め，人の種々の情動が人の善なる生活には必須不可欠であり，その支柱になると説いていたのである（アリストテレス『ニコマコス倫理学』）．そうした情動観は，その後，キリスト教神学の絶対的支配のもとで徐々に忘れられていくことになるわけであるが，ルネサンス期に至ると，1人，異端の声を上げる者が現れてくる．時の神学者，エラスムスである．彼は，徐々に宗教改革への跫音が高まるなか，自らはカトリック司祭として生きながら，『痴愚神礼讃』のなかで，痴愚の女神モリアに，人の真の幸福や生きがいが，実は聖職者が掲げるような教条主義的な理性やそれに厳正に従ったふるまいのなかにではなく，むしろ，種々の情動に駆られた，一見，愚行とおぼしきもののなかにこそ在るのだということを高らかに謳わせることになるのである（Erasmus, 1508）．

そして，17世紀になると，近代自然科学の祖ともされる，かのデカルトは，情動の発動メカニズムに関する論考を行い始める．彼は，その『情念論』において，人は危機などの様々な事象に遭遇すると，まずは心が介在しないで，あくまでも自動機械としての身体が，瞬時に多様な情動反応を引き起こすのだとした．しかし，人の情動は，機械としての身体しか有さない動物とは違い，そこで終わりではなく，骨格筋や内臓などにおける身体レベルの反応が，即座に脳のなかの松果体へと伝達され，その松果体が，非物質的存在として在る心と交信することによって，そこに主観的な情感が生み出され，また，その心の働きがやはり松果体を介して身体をコントロールするに至ると仮定したのである（Descartes, 1649）．彼の情動に対する見方は，情動を依然として制御されなくてはならない危険なものとみなすものではあったが，少なくとも，その発生は決してでたらめなものではなく，そこに一貫した法則性がひそむことを看破したという意味において，一部，情動に対する合理的な視座を切り拓いたといいえよう．

その後，時代は啓蒙主義へと移行し，その代表的な論者たるカントなどは，人の理性や判断力に対して厳しい批判の目を向けながらも，理性と，彼が心的性向（inclination）と呼んだもの，すなわち情動，気分，欲求などとの間に，厳格な対立的構図を堅持し，後者が人の道徳性や合理性には非本質的なものであること，むしろ，時には，精神の病と化し，それらを大きく揺るがし破壊してしまう非合理性や危険性があることを強調することになる（Kant, 1793）．しかし，その一方で，カントと同時代にありながら，彼の思想とはまったく方向性を異にする情動観を展開する論者も登場し始める．ヒュームとスミスである．彼らは，情動と理性の間の明確な線引きを疑い，つねにではないにしても，情動的であることが実は理性的でもありうることを主張するに至るのである．たとえば，ヒュームは，情動が，事象の知覚に加えて想念，すなわち，おそらくは今でいうところの認知的評価によって生じること，また良くも悪くも，人を究極的に動機づけるのは情動であるという意味で，情動が理性の奴隷ではなく，むしろ理性が情動の奴隷として位置づけられるべきことを言明する（Hume, 1739）．また，スミスは，その『道徳感情論』において，情動を社会という織物を編み合わせる糸であるとした上で，私たちの道徳性の根幹には深く，理性以上に情動が横たわっていることを見抜き，人の進むべき道筋が理性に従うことよりも，むしろ情動と理性との協調的な関係性を具現することのなかにあると説いたのである（Smith, 1759）．

この後も，たとえば19世紀におけるニーチェ（F. Nietzsche），そして20世紀におけるサルトル（J. P. Sartre）に代表されるように，情動の本性に関する再考は続くことになる（Solomon, 2008）．ただ，20世紀に，人類は2度の世界大戦を経るなかで，情動の正の側面ではなく，むしろ負の側面を否応なく強く印象づけられることになってしまったのかもしれない（Solomon, 2008）．そして，心理学のなかでは，行動主義がまるで時宜を得たかのように，非合理的な情動観，さらにいえば，ある種の情動不要論まで展開することになるのである．

しかし，今や時代は，ヒュームやスミスの情動観を真摯に受け止め，情動の反機能性・無機能性や非合理性を強く訝り，むしろその合理性に刮目し，実証科学のなかでその本質を突き止めようと躍起になり始めている．情動は，理性あるいは認知と対立するものではなく，むしろ，それらと協調的に結びつき，人の種々の適応を支えるものと考えられるようになってきており（e. g. Izard, 1997；Lazarus, 1991, 1999），“mind”（理なる心）の科学は“heart”（情なる心）への注目なくしては成り立たないというスタンスが確実にとられるに至っている（Evans, 2001）．

この四半世紀の間に，たとえば，フライダ（Frijda, 1988, 2006）は，その自身の論文タイトルや書名に『情動の法則（Laws of Emotion）』と謳い，またオートリー（Oatley, 1992）もまたその自身の書名に『最もうまく練り上げられた心の仕組み（Best Laid Schemes）』と題し，情動がそれまでまとっていた衣を，非合理性から合理性の色へと見事に移しかえたのである．それでは，こうした理論上の大きな転換は，どのような知見に支えられて生じてきたのだろうか．以下ではまず，情動の社会的機能を中心に，情動の合理性をいかに把捉すべきかに関して，概観しておくことにしたい．

4.2 「合理なる情動」が意味するところ

現在，情動研究は学際的かつ多方向的に展開されており，そのなかで，合理なる情動の多様な機能性が確認されている．もっとも，それは大きく個体「内」機能と，個体「間」機能に分けて考えることができるのかもしれない（遠藤，2007, 2013）．個体「内」機能とは，いってみれば，個体の利害関心に絡むできごと，より正確にはしかるべき認知的評価（appraisal）が及んだ事象に対して，心身のホメオスタシスを一時的に解除し，その場その時の状況をしのぐのに適切な，ある行為を起こすために必要となる心理的な動機づけおよび生理的な賦活状態，そして全体として見ればある特異な行為傾向（action tendency）を迅速に発動させることである（Levenson, 1999）．そこには，遭遇状況の打開に向けた瞬時のプランニングや意思決定等の情報処理も絡み，さらには，そこで生じた特異な身体状態がいわゆるソマティック・マーカーなる身体的記憶として，次なる類似事象への効率的な対処を可能ならしめるプロセスも含まれて在ると考えられる（Damasio, 1994, 1999, 2004）．

一方，個体「間」機能として想定される第一のものは，顔の表情や声の調子などに含まれる情動的情報を通じたコミュニケーション機能である（e. g. Keltner and Haidt, 1999, 2001）．それは，時に言語情報をはるかに上回る形で，個体と個体を結びつけたり，逆に離れさせたりするのにきわめて枢要な働きをなしている（e. g. Campos et al., 1989）．そして，これとは別次元で，あるいは先に述べた個体「内」機能とその時々の個体「間」におけるコミュニケーション機能の延長線上に，情動には，長期的な意味で，個体間の利害バランスの調整や集団秩序の維持などにかかわる豊かな社会的機能が存在するものと考えられる．ここでは紙数の都合もあり，こうした社会的機能のなかに，情動に固有の合理性の一端を探してみることにしよう．

a. ヒトの最大の強みは社会性

人が他者との関係のなかでしばしば経験する様々な情動，すなわち道徳的情動も含む多様な社会的情動のなかには，少なくとも短期的利害という視座からすると，情動の発動者自身に利益どころか損害を背負い込ませるようなものが少なくない（Frank, 1988, 2003, 2004；Ridley, 1996）．たとえば，私たちは集団のなかで不公平にも自分だけが莫大な利益を得ている状況で，何か他の人たちにすまないといった罪の情動を覚え，それ以上の利益追求を自ら止めてしまうようなことがある（e. g. Moll et al., 2008）．それどころか，そうした利益をもたらしてくれた他者がいたとすれば，その他者に，強い感謝という情動をもって，せっかく得た自分の取り分のなかから相応のお返しをしようとしたりする（e. g. McCullough, 2008）．また，先んじて何の助けや施しも受けていないような関係性でも，他者が何かに困窮していれば，つい共感や同情のような情動を覚え，自身の利害を度外視してでも，他者に尽くしてしまうようなこともある（e. g. Keltner, 2009）．あるいは，自身が他者から散々，不利益を被りながらも，赦し（forgiveness）のような情動に駆られて，その他者を責め立てるのを止め，被った不利益を反故にしてしまうようなこともある（e. g. McCullough, 2008）．

こうした場合の罪悪感にしても感謝にしても，また共感や同情にしても，あるいは赦しにしても，個体の短期的利害という視点のみからすれば，そこに損害はあっても利益はなく，いずれも非合理ということになるわけであるが，何故，そのようないわば「善なる情動」あるいは「仁なる情動」（Keltner, 2009）が私たちには備わっているといえるのだろうか．それは，今ここでの利益を遠ざけ，むしろ損害を受け入れるように仕向ける情動の働きが，時に，長期的視点から見れば，その個体に高度な社会的および生物学的な適応をもたらすからにほかならない（Frank, 1988）．

生物種としてのヒトは，元来，高度に社会的であり，関係や集団のなかでの適応が，結果的に生物的適応に通じる確率が際立って高い種といえる（e. g. Dunbar, 1996, 2010）．進化論者が一様に強調するのは，ヒトにおいては，こうした社会性こそが最大の強みであり，たとえば，狩猟採集にしても捕食者への対抗にしても子育てにしても，集団生活が単独生活よりもはるかに多くの利点を有しており（e. g. Nesse, 1990），また，それを維持するために必然的に集団成員間における関係性や利害バランスの調整メカニズムが必要になったということである

(Cosmides and Tooby, 2000；Tooby and Cosmides, 1990, 2008)．そして，そこに最も密接に絡むものとして互恵性の原理，すなわち相互に何かをもらったり，そのお返しをしたり，また助けられたり助けたりするという形で，集団内における協力体制を確立・維持するために必要となる一群のルールがあると考えられる(e. g. Frank, 1988, 2003, 2004)．

しかし，この互恵性原理の危うさは，自己犠牲的な行為を個体に強いることであり，個体は，自らの生存や成長のために自己利益を追求しなくてはならない一方で，それに歯止めをかけ，他個体に利益を分与しなくてはならず，そのバランスをどこでとるかが究極の難題となる．さらに互恵性原理が長期的に個体の適応に適うものであるためには，それを脅かし壊す，他者および自己の裏切り行為を注意深くモニターし，検知する必要が生じてくる．コスミデスとトゥービー(Cosmides and Tooby, 2000）によれば，これらの複雑な処理を可能にするものとして，罪，感謝，抑うつ，悲嘆，嫉妬，義憤，公正感などの情動が進化してきた可能性があるのではないかという．そして，彼らは，これらの情動が，今ここでの手がかりから短期的視点でなされた自己利益の認知的および情動的な判断を一旦，反故にして，複雑な社会システムのなかでの適応，および個体の長期的あるいは究極的な利益に適う行動の選択や調整を可能にしているのではないかと推察している．

また，進化生物学者のなかには，いわゆる進化的安定戦略（evolutionarily stable strategy）という視座から，集団のなかにおける個体の生物学的適応を最大化する戦略として「しっぺ返しの戦略」(まずは相手に対して利他的および自己犠牲的な行動を起こすが，次は相手の出方を待って，好意的返報ならば引き続き協力を，裏切りには報復で応じるという方略）(Trivers, 1985)，さらには「改悛型しっぺ返し戦略」(基本的に「しっぺ返し」ではあるが，自らが裏切りを行った結果，相手側の報復にあった場合には，それに耐えて，それこそ自らの過ちだったと改悛し，次にはあえて協力的行動で応答するという戦略）(Axerod, 1997)の有効性を仮定する向きがある．そして，トリヴァース（Trivers, 1985）のように，人の種々の社会的情動がこの戦略に非常にうまく適っていると論じる者も在る．彼によれば，たとえば罪悪感という情動は，互恵性のルールを自らが破ったときに経験されるものであり，相手につけ入り，搾取することに自ら不快を感じ，その行為に歯止めをかけるように機能する情動であるという．また，感謝は，相手側にかかるコストと自分の利益の比を計算に入れた上で相手からの利他的行動に対して,それに見合ったお返しを必ず行うように動機づける情動であるという.さらに,道義的怒りは互恵性に違反した個体を罰し,集団のなかに不公正が蔓延することを未然に防ぐよう働く情動であるらしい.

ハイト(Haidt, 2005)は,孔子の『論語』にしてもユダヤ教の『タルムード』にしても,古来,多くの賢者が,人間にとって最も高尚な言葉や原理として,愛と返報性をあげてきたことを記している.それは,まさに「しっぺ返しの戦略」あるいは「改悛型しっぺ返し戦略」そのものともいいうるものであり,まず他者への愛に駆られて,他者に施し,他者を助け,次には,それに対するその他者の応じ方に合わせて,返報的に,自身のしかるべき行為を選択し,実践することの重要性を,様々な賢者が悟り,説いてきたことを示唆している.人間の生活が,集団のなかでの互恵的な利他性を前提にして成り立ってしまっている以上,それを促しはしても破壊するような行為は控えた方が,生き残り,繁殖する上で,多くの場合,有利であることは間違いない.人がもつ多様な情動レパートリーのなかで,社会的情動と総称されるものは,個体間の良好な関係性を長期的に維持するシステムとして,そして,多くの場合,いわゆる「コミットメント」(commitment:暗黙の責任あるいは強制力をともなう約束事のようなもの)の確実な遂行を促すよう,すなわち,一見,その場その時では自身にとって何の得にもならないような他者志向的で利他的な行為に,個体を強く駆り立て,きつく括り付けるべく,進化してきたといえるのである(Frank, 1988;Ridley, 1996).情動,ことにネガティヴな情動は,それが発動されたその場その時には,ほとんどの場合,その機能は自覚されえないものとして在るが,長期的あるいは究極的に人を集団のなかでの適応に導いている可能性があるという意味においては,少なくとも,高度な合理性を備えているというべきなのであろう.

b. 道徳的判断を支える情動の合理的働き

上述したような社会的情動の働きはいわゆる道徳性という視座からも捉えうるものである.先にもふれたように,18 世紀の哲学者カント(Kant, 1793)は,人を人たらしめている崇高な心の働きとしての道徳性が,あらゆる情動から切り離され,純粋理性あるいは合理的な思考の産物として在るべきことを説いたことで知られている.しかし,既述したとおり,カントとほぼ同時代に生きたヒューム

(Hume, 1739) やスミス (Smith, 1759) は，こうした理性中心の道徳性に対する見方に強い疑念を有しており，むしろ道徳性が基本的に情動の問題であること，同情や共感あるいは義憤といった種々の情動が人を道徳的な行為へと駆り立てることを主張していた．

心理学のなかでは，長くカント的な道徳観が支配的であり，たとえば，コールバーグという発達心理学者は，道徳性が，基本的に認知的能力の発達とともに，高次なものに変化していくという理論を打ち立て (e. g. Kohlberg, 1981；Kohlberg et al., 1983)，少なくとも発達科学のなかでは，つい最近までそれが多大な影響力を行使してきたという経緯がある．しかし，現今の心理学あるいは行動経済学などにおける道徳観は確実にスミスやヒュームの見方に傾いてきていると考えられる．たとえば，私たちは，自身がなんらかの事象にかかわる当事者であれ，そうでない場合であれ，暗黙の社会的ルールが破られ，公正性が著しく損なわれる事態に対して，強く道徳的に反応するものである．そして，そこには多くの場合，不快や義憤などの情動が深く関与するものと考えられる．

これらにかかわる実験研究に，いわゆる「最後通牒ゲーム」(ultimatum game) を用いたものがある．それは，実験参加者に，ある一定額のお金が与えられ，誰かと2人でそれを配分するという状況を想定させたうえで，配分額を提案する側の役割をとらせ，自身がいくら取り，相手にいくら渡すかを答えさせるものである (Güth et al., 1982)．この実験で重要なのは，相手側がその提案を受け入れれば2人ともが提案通りの額を手にすることができるが，受け入れなければ双方とも一銭も手にできないということである．純粋に経済的原理からいえば，1円でも獲得できれば明らかにそれは利益であり，かりに10万円の配分が，提案者が99999円で，回答者が1円であっても，その提案には合理性があることになる．しかし，現実的にそうした提案をする者はほとんどなく，今では，様々なデータから，実験参加者が示す一般的な回答は，限りなくフィフティ・フィフティに近いものであり，相手側の取り分を総額の20% 未満と設定するような者は全体の5％にも満たないことが知られている (e. g. Nowak et al., 2000；Sigmund, 1995；Sigmund et al., 2002)．そこには，自己の利己性に歯止めをかけ，他者との利益バランスがより公平になるように仕向けるなんらかの情動の介在を想定することができよう．

また，いわゆる「公共財ゲーム」(public good game) を用いた実験も，人の情動の性質を考える上で実に興味深いものである．たとえば，フェールとゲヒター（Fehr and Gaechter, 2002）による公共財ゲームは，参加者が相互に多く協力することによって参加者個々により大きな利益がもたらされる仕組みになっている．ただし，そこには，まったく協力しなくともまんまと利益を，時に協力した場合以上に，せしめてしまえる余地があり，参加者は協力するのかしないのか，するとすればどれだけの協力をするかということの選択を迫られることになる．その結果は，ゲームが続けられるうちに，参加者の協力関係は崩れ始め，それと同時に，徐々に多くの参加者がゲームから脱落しようとする傾向があることを示すものであった．そこには，多分に，不公平から生じる憤りあるいは不条理感が介在しているものと考えられる．現にフェールらは，自分よりも少なくしか金額を供出しない他者に対して，その額が少なくなればなるほど，より強い怒りを覚えること，また，翻って自身が協力しない裏切り者の場合には，やはり，供出する額の少なさに応じて，他者の自分に向ける怒りが増大すると予想する傾向があったことを示している．

しかし，フェールらの実験には続きがあり，ルールを変更し，参加者が自ら一定のコストを支払って，その非協力者に罰金を科すことができるようにすると（そしてたとえ徴収した罰金が協力者に再配分されるようなことがないとしても），そのゲームは長く安定して高度な協力関係を維持したまま続けられるようになったのだという．すなわち，非協力者に対する憤りが，しっかりとその者への懲罰に結びつくように仕組まれると，全体的な協力関係がうまく回り始め，結果的に参加者個々にもより大きい利益が安定してもたらされるようになったということである．これが示唆的なのは，義憤に駆られて，罰金を科すためにわざわざ，さらなるコストを支払ってしまうという行為が，少なくとも短期的な利害バランスという観点からすればきわめて非合理的であるということ，しかし，その時点では非合理的でありながら，長期的および集団全体という視点から見ると，その行為が実は回り回って個々の利益として還元される可能性があるということであろう（大槻，2014）．この結果には，「利他的な罰」（altruistic punishment），すなわち，非協力者の存在をきわめて不快に感じ，たとえ自らはなんら損害を被っていない場合でも，あえて自己犠牲を払い，その非協力者を罰し，集団内の互恵的な協力体制を優先的に維持・回復させようとする人間の情動の仕組みが如実に反映されているものと考えられる．

1998年にノーベル経済学賞を受賞したセン（Sen, 1982）は，自己利益の最大化のみを行動動機とする「経済人」（Homo Economicus）は「合理的な愚か者」にほかならず，社会的にはほとんど成功しえないはずであるということを主張しているが，上述したような実験結果は，まさに，私たちが純然たる「経済人」などではなく，むしろ，かなり「情動人」（Homo Emoticus）としての血筋を引いていることを如実に示していると考えられる（Sigmund et al., 2002）.

上で見たのは，道徳性のなかでもとくに公正性の次元に人の情動が深く関与している可能性についてであったが，このほかに，たとえば他者に危害を及ぶという事態にかかわる道徳的判断に関しても，私たちの内なる情動がそこに強く絡む可能性は否めない.例としてあげれば,それを実感させるものに,いわゆる「トロッコ問題」（Foot, 1967）に対する人の反応がある.「重い荷を積んだトロッコがブレーキ故障で暴走している．このままではその先にいる5人の作業員がひかれて死んでしまう．あなたのすぐそばには線路の切り替え器があり，そこで切り替えを行えば，5人は助かる．しかし，切り替えたもう1本の線路にも1人の作業員がいる．さて，あなたはどうするか？」．この問題に対しては，たいがいの人が，線路の切り替えをして，1人は犠牲になってしまうが，5人を助けるという選択をすることが知られている．しかし，これには別バージョンの問いもある．「トロッコが暴走している.このままではその先にいる5人の作業員が死んでしまう.あなたは線路の上にある橋に立っている．軽量のあなたが飛び降りてもトロッコは止まらない．が，隣にいる大男を突き落とせば，その重みでトロッコは止まり，5人は助かるが，突き落とされた大男は死んでしまう．さて，あなたはどうするか？」．実のところ，1人を犠牲にして5人を助けるということにおいて，この問題は先のバージョンとなんら変わらないわけであるが,今度はたいがいの人が,大男を突き落とすことはできないと答えるのだという（Greene et al., 2001）.

功利主義的な見方に徹していえば，前者の問いに対する選択傾向は合理的であるが，後者の選択傾向は非合理的ということになる．後者に関しては，たいがいの人が，単純な数の上での計算としてはどちらが是かについて頭ではわかっていても，自身が手を直接下して，他者に危害を与えるということを強く情動的に躊躇してしまう，すなわち功利的な意味での合理性に明らかに反してしまうのである．ちなみに，これまでの研究で，人は，自らが当事者としてなんらかの行動を起こした結果，あるいは，明らかな意図をもって何かをした結果，あるいはまた，自身が直接，他者の身体に接触した結果，他者に危害が及んでしまったという場合に，それをより悪いこと，許されないことと感じる傾向があることが知られているようである（Mikhail, 2007, 2011）.

ハイト（Haidt, 2013）によれば，道徳性には，上で見たような公正 / 欺瞞およびケア / 危害のほかにも，自由 / 束縛，忠誠 / 背信，権威 / 転覆，神聖（純潔）/ 堕落といった，計六つの次元が想定され，そのどれもが（社会・文化によってそれぞれがどの程度重んじられるかには差異があるものの），進化の産物として，生物種としてのヒトに元来，備わって在る種々の感情に下支えされている可能性が高いのだという．いずれにしても，時に，功利的あるいは論理的な意味での合理性に背く行動に走らせてしまう私たちの情動は，実のところ，私たちの一般的な日常生活のなかでは暗々裏に，他者との関係性や集団のなかでの適応性を導いてくれているのかもしれない．その意味で，パスカル（Pascal, 1670）が『パンセ』のなかで記しているように，情動には純粋理性（規範的合理性）とは異なる，それ固有の理性や合理性が備わっているといえるのだろう．情動は，社会的存在であり，また生物学的存在でもある私たち人間における究極の「適応度」（fitness：遺伝子の論理で見る生物学的適応）を，独自の合理性の原理，すなわち生態学的合理性や進化論的合理性とも呼びうるものをもって，保ち，また高めているところがあるのだと考えられる（Evans, 2001）.

c. 社会的比較に絡む情動と「神の見えざる手」

上では，他者との関係性のなかに在って生じる様々な情動が，道徳的なふるまいも含め，社会的存在たる人の適応性に深く関与している可能性について論じてきた．むろん，情動はヒト以外の生物種にも広く認められるわけであるが，もしかすると，こうした社会的情動の少なくともいくつかのものはヒトという生き物に固有のものなのかもしれない．さらにいえば，ヒトには，自身が必ずしも事象経験の当事者でなくとも，それこそ「他人事ではない」というような，強い情動を覚えてしまうという特異な性質があると考えられる（遠藤，2009）．たとえば，私たちは日常，他者に降りかかったネガティヴな事象に，共感的に苦痛を覚えたり，いい気味だという情動を感じたりするし，また他者にポジティヴな事象が降りかかった場合には，共感的喜びを覚える一方で，強烈な妬みを経験したりする．そこには，良い意味でも悪い意味でも，他人事でありながら，他者のことが気になって仕方がない，つい他者と自身を比較してしまう，人の心の独特の性質がひそんでいると考えられる．

他者の失敗や成功あるいは不幸や幸福は，他者自身の社会的地位の高低のみにかかわるのではなく，しばしば「社会的比較」(social comparison) を通して，それを認知した個人の社会的地位の引き上げや引き下げにも深くかかわり，ひいてはそれが自己意識に強く影響を及ぼしうる (Niedenthal et al., 2006)．この社会的比較という観点から情動生起のメカニズムを論じている代表的なものに，スミス (Smith, 2000) の理論モデルがある．彼によれば，他者になんらかの事象が生起した際に，人はその事象の意味を，自身の状態や特性との比較において評価することがしばしばあり，その質に応じて結果的に，上方対比的 (upward contrastive)，上方同化的 (upward assimilative)，下方対比的 (downward contrastive)，下方同化的 (downward assimilative) という四つのカテゴリーのいずれかに該当する情動を経験することになるのだという（ちなみに，このスミスのモデルは，他者のみならず自己になんらかの事象が生起した場合をも包括的に説明するものであるが，ここでは前者のみに記述を限定する）．そして，さらに，その各カテゴリーにおいて，純粋に他者に注意が向かう場合，自己のみにそれが向かう場合，そして他者にも自己にも二重にそれが向かう場合を分け，それぞれで具体的にどのような情動が生起してくるかについて理論化を行っている．

ここでとくに注目しておくべきことは，本来，他者に降りかかったはずのことがらなのに，結果的に自分にも注意が向かうことになる二重焦点化 (dual focus) が生じるケースである．たとえば，他者にとってきわめて幸福な事態が生じた際に，それは多くの場合，上方比較の状態（他者の優位・自己の劣位）を生み出すことになるが，そこにおける情動経験には大きく2通りのものが存在する．他者が経験するであろうポジティヴな情動に自らもポジティヴな情動をもって反応する場合（同化）と，逆にネガティヴな情動をもって反応する場合（対比）である．スミスによれば，前者における二重焦点化の典型的な情動は感激 (inspiration) であり，後者におけるそれは妬み (envy) ということになる．また，逆に他者にとってきわめて不幸な事態が生じた際に，それは多くの場合，下方比較の状態（自己の優位・他者の劣位）を生み出すことになるが，そこにおける情動経験にも大きく2通りのものが存在する．他者が経験するであろうネガティヴな情動に自らもネガティヴな情動をもって反応する場合（同化）と，逆にポジティヴな情動をもって反応する場合（対比）である．前者における二重焦点化の典型的な情動は共感・同情（sympathy）であり，後者におけるそれはシャーデンフロイデ(schadenfreude：「いい気味」という情動）ということになる．

スミスは，たとえば妬みに関していえば，それが純粋に他者に注意が注がれた場合には憤慨（resentment）に，反対に自己のみに注意に向かうと恥になることを仮定している．別のいい方をすれば，妬みは，他者がその行為に対して周囲から高い評価を受け賞賛に与るような場合に，その不当性に憤り，他者をなじりたいような気持ちと，自分にそれに見合うだけの力量が備わっていないことを恥ずかしく思う気持ちとの間で揺れ動いたり，あるいはそれらが入り交じったりする情動ともいいうるということである（Smith and Kim, 2007）．また，共感・同情に関していえば，それは，他者が大けがをして流血しているような場合に，純粋に他者焦点的な哀れみ（pity）と，逆に純粋に自己焦点的な「とても気持ち悪くて見たくない」というような個人的な苦痛・恐れ（worry/fear）との間で揺れ動いたり，あるいはそれらが混合したりした情動として位置づけうるということである．

おそらく，私たちは，上方にせよ下方にせよ，他者に対して同化的な情動，すなわち感激や共感・同情が，他者との円滑な関係性や集団生活の維持に適応的な役割を果たしうるであろうことをごく素朴に信じて疑わないであろう．一方，上方にせよ下方にせよ，他者に対して対比的な情動，すなわち妬みやシャーデンフロイデに関しては，それらを人の幸福や適応性に適う情動であるとはまず考えないかもしれない．ことに妬みに関していえば，カトリックの七つの大罪の一つにも数えられる悪しき情動の典型とされてきたわけであり，そうした情動は一般的には私たちが最も卑しみ，忌み嫌うべきものとして在るといえよう．しかし，実のところ，こうした悪しき情動でさえも，人の社会性にとっては，一種の必要悪として機能してきた可能性があることは否めないところである．たとえば，ラッセル（Russell, 1930）は，他者が得た幸福状態をつい妬ましく思ってしまう私たちの心的傾向を，それこそが民主主義の礎であると言明したということで知られている．おそらく，それが意味するところは，妬みが，不当に何か望ましいものを持ちすぎている他者を戒め，一方，持てない自身をもっとそれを持つべく高めようとする動機づけをもたらし，結果的に，自他間における利害の圧倒的な不均衡や不公正な状況を是正するように働きうるということであろう．これに関連していえば，一部，集団主義的傾向の強い社会では，協力しない人と同じように協力しすぎる人も社会の和を乱すとされ，相対的に冷淡に扱われる傾向があることが実験的に確かめられている（Henrich and Henrich, 2006；Henrich et al., 2006）．ちなみに，シャーデンフロイデも，たいがいの場合は，元来，自分よりも多く何かを有していた人が失うという事態に生じるとされており，その意味からすると，それも，結局のところ，どこかで集団のなかでの自他格差・不均衡の是正に寄与しているところがあるといえるのかもしれない．

一部の進化心理学者によれば，ヒトは，協同と葛藤がともなう小規模の社会的ネットワークに埋め込まれて進化してきたのであり，そこではたえず自身の利益と他者の利益のトレードオフをどのように行うかという比率計算をする必要があったという（Tooby and Cosmides, 2008）．社会的比較にともなう情動は，多くの場合，暗黙裡に，こうした計算を私たちに可能ならしめてくれているのかもしれない．スミスは，今では経済学の祖と称されることが多いわけであるが，彼は『国富論』（Smith, 1789）に先立って『道徳感情論』（Smith, 1759）を著したことでも知られている．先にもふれたように，彼はそこで，様々な情動が道徳的基盤をなし，人の社会生活を支えていることを言明しているのである．その意味からすると，彼の『国富論』のなかでの「神の見えざる手」は，一般的に理解されているように，私たち個々がただひたすらに私利を追求すれば需要と供給の自然調整が働き，社会全体の利益が達成されるということのみを意味するのでは必ずしもないと考えられる．むしろ，それが真に意味するところは，自他をつい比べてしまう人の本性に根ざした種々の情動が，時には私たち自身の自己本位的な行動に歯止めをかけ，時には不当に持ちすぎる他者に対して抗議の声を上げさせ，時には双利的に助け合うよう強く動機づけることなどを通して，集団全体の利害バランスが適切に保たれ，そしてまた集団全体の利益が増進するなかで，個々もまた相応の恩恵に与りうるということなのではないだろうか．そうした意味では，私たちの様々な情動のなかに一種の社会的知恵なるものが豊かに備わっており，実はそれこそが「神の見えざる手」といいうるものなのかもしれない．

4.3　合理性と非合理性の表裏一体性

前節では，その社会的機能を中心に，情動の合理性とは何を指していいうるかということに関して論考を行った．しかし，そこで筆者が主張したかったことは，むろん，情動があらゆる側面において機能的であるとか合理的であるとかいうことではさらさらない．当然のことながら，情動には，非合理的なところもあれば，合理的なところもあるのである．それは，情動が機能的・合理的に働く場合とそうでない場合とがあるという意味でもあるが，もう一つ，きわめて反機能的・非合理的に見える情動の性質が，別の視点から見ると，同時に，機能的でも合理的でもあるということをも意味する．そうした意味において，情動における非合理性と合理性は実のところ表裏一体の関係をなしているといいうるのである．ここでは五つの視座から，その表裏一体性に関して考察を行うことにしよう．

a.　強引に割り込みをかけてくる忙しない心：先行事象とのかかわりに見る非合理性・当該事象とのかかわりに見る合理性

基本的に，情動は，個体の利害関心が絡む事象が発生した場合に，瞬時に立ち現れ，否応なく，その事象に対する意識の集中状態を生成し，認知・行動のヒエラルキーを移しかえる働きをするものと考えうる（Nesse and Ellsworth, 2009；Levenson, 1999）．すなわち，情動とは，強力な強制力をもって，私たちの意識のなかに強引に割り込み，情動のきっかけとなった事象に私たちの注意を釘づけにし，私たちを，ある行為の遂行に向けて，たいがいの場合，それこそ「居ても立ってもいられない」という心的状態に一瞬のうちにしてしまう（Oatley, 1992）．それまで個体がいかなることに従事していても，その進行中の思考や行動を一旦無効にし，当該の事象のみに優先的に認知・行動的リソースやエネルギーを配分する機能を果たすのである．

それは，まさに，瞬時の情報処理モードの切り替えともいいうるものである（LeDoux, 1996, 2000, 2002）．私たちが，一度，自らの利害関心に関連する事象と遭遇すると，先行して在ったいかなる情報処理も一旦，そこで強制終了され，かわりに，特定の情動プログラムが瞬時に立ち上がり，その事象への適応に向けてあらゆる心的リソースが総動員され，それまでとはまったく異質の超高速計算処理がなされるのである（比喩的にいえば，汎用型だったコンピュータが突如，特殊化された計算装置に切り替わり，その事態打開のためだけのアウトプットを迅速に導き出すよう作動する）（Cosmides and Tooby, 2000）．こうした見方によれば，ある特定の利害にかかわる事象およびその意味に対して，ひたすら個体の適応に適うよう，高度に，あるいは必要最小限に絞り込まれた，しかし，その分，きわめて迅速で効率的な各種情報計算処理モードが，たとえば怒りであり，恐れであり，悲しみといった各種情動ということになるのだろう．

しかし，当然のことながら，その情報処理モードの切り替えは，あくまでも当該事象のみに適ったものであり，それまで何をしていたかなど，まったく知ったことではない．たとえば，電話で突然，信頼していた無二の親友に散々に罵詈雑言を浴びせられ，悲しいやら悔しいやらで，明日が締め切りの卒業論文がまったく書けなくなったとしたら，そして現にその提出が叶わず留年を余儀なくされたとすれば，私たちは，人に情動というものがなければどんなに良かったかと一瞬，思い，その非合理的な性質を怨むに違いない．しかし，この場合，そうした情動を非合理的といいうるのはあくまでも，それに先行して在った卒業論文の作成とのかかわりにおいてである．しかし，情動の原因をつくった当該事象とのかかわりでいえば，電話における会話から生じた悲しみや悔しさあるいは怒りといった情動は，かけがえのない親友との関係の再調整にかかわる種々の行動に否応なく私たちを駆り立て（おそらくは電話をかけ直し，出なければ部屋まで出かけ，必死に誤解を解こうと躍起になり），結果的に2人の間に生じた齟齬や軋轢を解消し，2人の関係性をもとどおりに回復させてくれるかもしれないのである．

つまり，この例からもわかるように，情動を非合理的と形容する場合，私たちは，情動の原因をなした当該事象よりも，先行事象（あるいは時に後続事象）とのかかわりにおいて，多分にそういっている可能性があるということである．情動は，それに先行する思考や行動の視点からすれば，確かにそれらをかき乱すディスオーガナイザー（disorganizer）ということになるが，当該の事象とのかかわりという視点からすれば，少なからず，ある整合的な認知や行動を組み立てるオーガナイザー（organizer）であることが相対的に多いものといいえよう（e.g. Lazarus, 1991）．

b. 小事にこだわらないアバウトな心：理想的条件下における非合理性・現実的条件下における合理性

上述したようにかりに当該事象との関係だけで情動を捉えても，やはりそれを，とても合理的・機能的とはいえない場合もあるのではないだろうか．実際に人間の情動はあまりに過敏でかつ大げさで，本来，起きなくてもいいところで起きてしまうことがきわめて多いといわれている．情動は，たいがい，切羽つまったときに生じる．咄嗟に何かをしなくてはならないというときに生じるものである．情動の多くは，危急時の応急措置的メカニズムというべきものであり，それは基本的に汎用的なデフォルト設定，すなわち，それを起こしておけば，そこそこ，その状況を切り抜けられる確率の高い情報処理や行為のレディメイド・セットに従う限りのものであるからである（e. g. Oatley, 1992）．いってみれば，そこにあるのは「大風呂敷原理」（one size fits all）であり，そうである限りにおいて，情動によってもたらされた心身の状態が，個々の状況に対して真にジャスト・フィットであるということなど，本来，ほとんど想定しえないのである．

しかしながら，私たちは概して，後に，種々の情動が絡んだエピソードを思い出し，そのジャスト・フィットではなかったがゆえに生じた様々な不都合をことのほか，情動の非合理性として強く意識してしまうのかもしれない．確かに，私たちはよく，過去の情動的事象を想起する際に，あのとき，もし別の逃げ方をしていれば良かったとか，もう少し効果的な抗議をしておけば今，困ることはなかっただろうになどという思いにとらわれるものである．そして，それはひとえに，情動に駆られた思考や行動が最適のもの，あるいは合理的なものでは決してなかったという判断がそこに働くからにほかならない．

しかし，そもそも，情動は，ある問題を解くのに十分な時間と情報が与えられている場合には，あまり生起しないものである．したがって，様々なリソースが豊かに存在する条件に照らして，情動的行動の反機能性や非合理性を見ても，本来はほとんど意味をなさないはずなのである．従来，情動に絡む議論は，概して理想的な状況においてできたであろうこととの対比において，情動を反機能的・非合理的と決めつけることが多かったといえる．しかしながら，情動が現に生起するそれぞれの状況との関連で，そこでの思考なり行動なりを判じれば，それらはむしろ，その限られたリソースしかないなかでは，相対的に高い機能性や合理性を発揮しているのだといえるのかもしれない．

これに関連して，エヴァンズ（Evans, 2004）は，「サーチ仮説」という考え方を提唱している．それは，時間という点から見ても外部から与えられる情報という点から見ても，それらが非常に限定されたなかで，情動が，そこでの問題解決にかかわる記憶や方略のきわめて効率的なサーチ（探索）と最終的な意思決定とを可能にしているということを強調するものである．認知システムは時間や情報の点で十分なリソースを与えられた場合には高度な合理的計算をなしうるが，現在収集しうる情報が乏しく，そこから（現在は見えない）長期的あるいは究極的利益に適う合理的な行為を選択・決定するような計算には向かないといわれている（Johnston, 1999）．そして，こうした通常の認知処理・シミュレーションではとうていなしえない機能を，ある種の情動が肩代わりして考え，それを具現する行為へと瞬時に私たちを強く駆り立ててくれている可能性があるといえるのかもしれない（Evans, 2001）．

おそらく情動があるからこそ，それによって，私たち人間は，日常，多くの場合，悪しき「ハムレット問題」（シェイクスピアのハムレットのごとく，何をすべきか瞬時の判断がつかずに延々と考えあぐねる結果，結局，何もできなくなってしまうという状態）に陥らずにすんでいるのだろう（Evans, 2001）．また，情動はまさに，人を厄介な「フレーム問題」（e. g. Dennett, 1984）から解放することに寄与しており，それが，プランニングや意思決定を支える重みづけ信号として機能し，行為の選択肢の瞬間的切り捨てや絞り込みに関与しているからこそ，人はどんなにハイスペックな人工知能（コンピュータやロボット）にも負けない，現実的な意味での高い適応性を手にしているのだと考えることができる．

いずれにしても，ミンスキー（Minsky, 2006）などにいわせれば，情動とは思考の究極の単純形といいうるものであり，その単純さゆえの迅速性と「概ね」適確という性質によって人はかなりのところ救われているといいえよう．しかし，欲深き人間は，その単純さゆえに半ば必然的に後に残ることになる数々の欠陥に歯噛みして悔しがる存在でもあるのである．私たちは，情動が，様々な意味で，潜在的に高い適応価を備えているとはいっても，そもそも，完全無欠の心的装置などでは決してありえないということを心しておくべきであろう．情動がいくら進化の適応的な産物であるとはいえ，進化そのものの性質が，決して最適化を目指す「オプティマイザー」（optimizer）ではなく，ただ，そこそこの成果で満足する「サティスファイサー」（satisficer）にすぎないということを忘れてはならないのである（Bloom, 2011）．これに関連して，マーカス（Marcus, 2009）は，ヒトの脳や心がさしてエレガントでも精巧緻密なものではなく，実のところ，彼がいうところの「クルージ」（kluge），すなわち全体として見ると適応価が上回るが，所々に様々な欠陥や問題を抱えているものであると述しているが，もしかすると情動はその最たるものなのかもしれない．

コラム 5 情動の支えを失った知性の脆さ

あるできごとに遭遇し，なんらかの情動が発動されるとき，私たちの身体には，心臓，血流，内臓，体温など，様々な身体部位の動きに由来する，特異な内部感覚がもたらされる．たとえば，頭にかっと熱い血が上るとか，背筋がぞくっと寒くなるとか表現される，あの独特の身体感覚である．本文中では，それをソマティック・マーカーという言葉で表現し，それが，類似した状況に再び出会ったときに，瞬時に蘇ってきて，その状況を切り抜けるための直感的判断やプランニングなどを支えている可能性に言及した．実は，このソマティック・マーカーという言葉は，ダマシオという研究者の発案によるものであるが，彼は，元来，脳損傷の研究で世界的に知られる科学者である．そして，彼の診た脳損傷の事例は，私たちに，人が，情動なしでは，どんなに高い知性を無傷に有していても，まともには生きられなくなってしまうことを印象深く教えてくれるものになっている（Damasio, 1994）．

たとえば，彼があげている症例に通称エリオットという，脳腫瘍の手術前はきわめて有能なビジネスマンだった人の物語がある．その損傷部位は前頭連合野眼窩部あるいは前頭連合野腹内側部といわれているが，その損傷によって，エリオットは，思考や記憶あるいは言語といったいわゆる純然たる知性に関しては，ほとんど失ったものはなかった．それどころか，その知性にかかわるテストはどれも人並み外れたものであり，このほかにパーソナリティや道徳性判断等のテストも，その結果だけからすれば，彼がほとんど落ち度のない実に秀逸な人物であることを示すものであった．しかし，彼は手術後，仕事や人間関係の上で信じられないようなミスを繰り返し，結果的に職を失い，また家族も失うことになってしまうのである．通常，ふつうの人であれば，こうした場合，強く落胆し，大いに嘆き悲しみ，また悔しがることであろう．だが，彼は，そうしなかった．彼が大きく様変わりしたのは，まさに情動の側面であり，その度重なる失敗の当事者であるにもかかわらず，彼はまるで他人事のように，それらの話を何の情動も交えずに無表情に，淡々と語ったのである．

ダマシオにいわせれば，それこそ，失敗に際して，ある種の情動とともに身体にもたらされるはずの一種の「苦汁」，すなわちソマティック・マーカーがうまく機能しなくなり，同じようなミスを何度も繰り返してしまったということになるのだろう．もっとも，このエリオットを含め，ダマシオの診た患者は，こうした特徴とともに，ほとんどみな共通して，容易にはものが決められなくなるという状態に陥ったという．たとえば，次の診察日として，二つの候補日が示されると，それぞれに関して様々なことを詳細に考えることはできても，最終的にどちらかに決めることができなくなってしまうというようなことである．まさに，本文中でもふれた「ハムレット問題」のなかに実にたやすくはまってしまうのである.

　こうした状態は，ある意味，ハイスペックな情報処理能力を備えたコンピュータにも擬えてみることが可能かもしれない．近年，コンピュータの機能は，その処理能力だけからすれば，すでに人間の脳をはるかに凌駕しているといっても過言ではないだろう．そして，その高機能コンピュータに支えられた自律的な人工知能搭載のロボットの開発も，まさに日進月歩の様相を呈している．しかし，人工知能の領域で，約半世紀前から議論されてきた「フレーム問題」の解決にはいまだ至っていないのかもしれない．たとえば「新聞を取ってこい」という簡単な命令に応えるためには，朝ご飯のこととか，犬の散歩のことなどは一切考える必要はなく，新聞を取ることに関するだけの情報を処理すれば，すなわち，それのみに関するフレーム（情報処理の枠組み）をつくって対処すればいいはずである．私たち人にとってこれは実に簡単な問題である．しかし，通常のコンピュータの場合，そもそも何が新聞を取りにいくことに関連することで，何がそれに無関係なのかについての悉皆的な計算から始めなくてはならないという．これはきわめて高負担で厄介なことである．人がなぜ容易にその時々にふさわしいフレームを瞬時に準備できるか，逆にいえば他の無関係なことに注意を払わずに済むかに関してはまだ十分に解明されているわけではない．しかし，そこにかかわる重要なメカニズムの少なくとも一つとして，多くの研究者の見解が一致しているのが情動や直感というものなのである．情動のメカニズムがうまく作動しなくなったエリオットは，今なすべきことがあるはずの状況でまったく関係のないことに意識が向いて，結局何もできないことが多々あったらしい．おそらく，本当に自律的な人間らしいロボットの実現はエリオット超え，すなわち情動の実装というところにあるのかもしれない．

c.　長期目線の急がば回れの心：短期的視点から見る非合理性・長期的視点から見る合理性

　これまで人の行為の合理性をめぐっては倫理学や哲学の領域を中心に様々な見解が提示されてきたといえる．スピラダら（Spirada and Stich, 2004）によれば，それらの考えはまず義務論と結果論に大別されるという．義務論とは，先にもふれたカントに代表される立場である．それは，人には普遍的な意味で遵守しなくてはならない義務としての規範があり，その義務に対して行為が（その結果・帰結がどうであれ）適っていれば，それを合理的であると判断するものである．それに対して，結果論とは，人の行為がもたらした現実の結果・帰結に対して合理的か否かの判断を下すものである．スピラダらは，この結果論が，さらに細かく，真理を重んじる立場，欲求充足を重んじる立場，ウェルビーイング（well-being）を重んじる立場，適応度（fitness）を重んじる立場，の四つに区分されるとしている．

このうち，真理を重んじる立場とは，普遍的な意味で人がなすべき行為の絶対的な基準を仮定するもので，行為の帰結がそれに適っていれば，それを合理的とするものである．欲求の充足を重んじる立場とは，行為の帰結が，人の欲求を満たすものであれば，その行為を合理的とするものであり，古典的経済学が仮定してきた「経済人」（Homo Economicus）とは，ある意味，この基準（欲する利得の最大化）に照らして人の経済行動の合理性を判じてきたものと考えられる．ウェルビーイングを重んじる立場とは，その術語自体がかなり多義的なのではあるが，基本的には，人の行為がその人の心身の健康や安寧（良好な状態）につながるものであれば，それを合理的と考えるものであり，心理学は一般的にこの基準に従って人の合理性，すなわち適応性（adaptation）なるものを把捉してきたのだといえよう．そして，適応度（fitness）を重んじる立場とは，とくに近年の進化生物学がもたらした考えと把捉することができ，人の行為が，生物学的な意味での適応に適うものであれば，すなわち生涯をトータルで見て自身あるいは血縁者の遺伝子の維持・拡散に寄与しうるものであれば，それを合理的とみなすものである．

さて，こうした枠組みから人の情動の機能性や合理性をいかにとらえることができるのだろうか．ここでは，情動の経験や表出がもたらす現実の帰結を問うこととし，基本的に結果論の範疇における普遍的真理以外の三つの立場から考えてみることにしよう．

人の情動がしばしば，基本的な欲求の充足に向けて発動されることは確かなことであり，むろん，たとえば恐れに駆られて逃避欲求を満たしえた事態を合理的と判ずることもできないわけではない．しかし，情動は，個人の利益追求にかかわる経済的合理性の原理に反することも多々あり，その意味からすれば，情動の機能性や合理性をこの立場からのみ主張することは妥当ではなかろう．次のウェルビーイングについてはどうであろうか．従来の心理学は基本的に，この視座から人の情動と適応性とのかかわりを様々に問うてきたといえるわけであるが，実のところ，そこではネガティヴな情動な経験や表出を，半ば当然のことながら，幸福な状態とはみなさない．たとえば，恐れや不安に苛まれた心的状態や怒りや苛立ちに駆られたふるまいなどは，それ自体，人のウェルビーイングを脅かすものであり，むしろ，そこから解放されて在ることが，人にとっての善や至福であることを前提視してきたのだといえる．すなわち，少なくともネガティヴな情動の多くに関していえば，その状態の直中に在ることそのものが人にとっての不幸であり，また不適応であり，ことに臨床的志向性を有する心理学は，その低減に向けた様々な試みを案出し，実践してきたのだといいうる．そこにあるのはまさに反機能的・非合理的情動観ということになろう．

しかし，先にもふれたように，進化生物学，とくに遺伝子の論理で人の心や行為の傾向を読み解こうとする進化心理学の視座からは，ネガティヴな情動もまた，基本的には生物個体としてのヒトが生き残り・生存し，さらに配偶・繁殖・子育ての上での成功に寄与すべく，遺伝的に仕組まれるに至った進化の産物であり，それはいわゆる心的モジュール（ある特定問題の解決に特化した情報処理装置）の一種あるいは複数のそれらを整合的に束ね合わせるものとみなしうることになる（Cosmides and Tooby, 2000）．この立場では，時に，情動の病理や障害とされる抑うつでさえも，資源保持や社会的リスク回避という観点から見れば，十分に機能的であると主張されうるのである（e. g. Allen and Badcock, 2006；Badcock and Allen, 2003）．

例解として恐れの情動を取り上げて考えてみよう．この恐れについては，近年，状況に対する認知的評価には必ずしもよらず，ある脅威刺激との単純な接触のみによって，自動的かつ瞬間的に作動する恐れモジュール（fear module）なるものの存在が仮定され，瞬時センサーとしての過剰なまでの敏感性が明らかにされてきている（e. g. Öhman, 2000；Öhman and Wiens, 2004）．かりに，紅葉を愛でるために山を散策している最中に，草むらがざわめいたとしよう．そうした場合，私たちはクマではないかと強い恐れを感じ，一目散に逃げるかもしれない．しかし，そのざわめきが，本当のところはクマではなく，ただの風のそよぎによるものだとすれば，そこで生じた恐れは無駄以外の何ものでもないことになる．紅葉狩りの絶好の機会を逃すばかりか，必死に走り，たいそうエネルギーを消耗してしまうのだから，そこでかかるコストには看過しがたいものがあろう．いわゆる信号検出理論の観点からすれば，人の情動およびそれに駆られた行動は，決して「ヒット」（hit：信号があれば反応）と「コレクト・リジェクション」（correct rejection：信号がなければ無反応）が正確になされるようなものではなく，実際のところはきわめて「フォールス・アラーム」（false alarm：信号がないのに反応）

が多いことが想定され，論理的に見れば，非合理きわまりないものということになる．

しかし，確率的にはどんなに小さくとも，人の生死などの重要なことがらに絡みそうなことには，たとえ取り越し苦労でも少々過敏かつ大げさに，別のいい方をすれば堅実に反応しておく（つまりフォールス・アラームを多く起こす）方が，致命的な「ミス」（miss：信号があるのに無反応）を最小限に食い止めうるという意味で，長期的には，そうする個体の適応性を高度に保証するということがあるのかもしれない（「適応的堅実性」：Cartwright, 2001）．つまり，今ここという短期的視点をもって，その情動を見れば確かに無駄・誤り（非合理的・反機能的）であっても，いろいろな場面でそうした無駄な情動を発動する傾向が強い個体の方が，究極的に，より長く生き延びたり，よりうまく繁殖したりするうえで，有利になる可能性が高い（合理的・機能的）ということである．ヒットによって得られる利益（たとえば草むらのざわめきを風によると正しく判断して逃げずにすむ）よりも，ミスによってもたらされる損害（草むらのざわめきが本当はクマの動きによるものなのに，そうではないと誤って判断して結果的にクマに襲われてしまう）の方がはるかに大きいような場合，私たちは，一見するところ，非合理的な情動に従って多少とも過敏に，また大げさにふるまった方が，結果的に，より安全かつ堅実な形で高度な適応性を手にすることができるのかもしれない．ちなみに，ネッセ（Nesse, 2005）は，こうした情動の性質に対して，火災報知機が万が一の火災に備えてちょっとした煙に対してもきわめて敏感に反応するように仕組まれているのと同じだとして，火災報知機原理（smoke detector principle）という術語を充て，ことのほか，その重要性を強調している．

先にもふれたことであるが，古代ギリシアにあって，アリストテレスは，当時としては例外的にも，極端でない限りにおいて怒りをはじめとするネガティヴな情動の機能性を認めていたわけであるが，時に最高善とも訳される彼の「エウダイモニア」（eudaimonia）という発想は，それをその時々の快楽や安寧ではなく，包括的最終目的に据えているという意味において，幾分，進化的な情動の見方に近しいのかもしれない．むろん，アリストテレスに進化的発想はなく，それを単純に生物学的適応度におきかえて考えることはできないわけであるが，最終的に人が究極の善や幸福に至るためには，懊悩や苦悶あるいは憤怒のようなネガティヴな情動の経験や表出も，やはり必須不可欠なものといえるのではなかろうか．

d. 一見，行き当たりばったりな心：経済的原理から見る非合理性・日常的原理から見る合理性

上述したように人の種々の情動は，長期的，場合によってはトータル・ライフの視座をとった場合に，その合理性が垣間見えるという性質を有しているといいうる．逆にいえば，情動，ことにネガティヴな情動を経験している現時には，その情動経験の当事者に，その機能性や合理性が実感されることなど，ほとんどないといえるのかもしれない．むしろ，私たちの素朴な印象からすれば，情動はそれこそ行き当たりばったりで，その時々で何をしでかすかわからない，危険きわまりない気分屋なのであろう．しかし，その一見，気紛れで，それこそ論理的一貫性からはほど遠く見える情動に，別の意味での一貫した機序がひそんでおり，それによって，やはり，私たちの長期的な適応性が支えられている可能性があることが指摘されているのである．その部分的証左といえるものを，経済活動の原理や性質を人の情動をからめて理解しようとする行動経済学の研究のなかに見てみよう．

行動経済学的研究で明らかになった人の行動傾向の一つに，人は，利益を眼前にちらつかされるとリスク回避的になるが，逆に損害をちらつかされるとリスク愛好的になるというものがある（多田，2003；友野，2006）．多くの場合，行動経済学では，情動そのものに焦点化することはしないのであるが，損害やリスクを眼前にした場合に私たちが経験する情動が，一般的に，不安や焦燥であることは疑いえないだろう．そして，潜在的にそうした情動の介在を想定しうる，有名な実験課題に「アジアの疫病問題」（Tversky and Kahneman, 1981）がある．この問題では，アジア由来の疫病撲滅のための対策として何がよいかを，問題設定は完全に同じでありながら，利害のいずれに重きをおくかで表現を微妙に変えた，2通りの訊き方で調査協力者にたずねている．一つは，何も対策を講じないと600人死亡すると予想される疫病で，① 600人中200人が助かる方法と，②確率1/3で全員が助かり2/3で誰も助からない方法，のいずれがよいかをたずねる訊き方であり，もう一つは，③ 600人のうち400人が死ぬ方法と，④確率1/3で誰も死なず2/3で全員が死ぬ方法，のいずれが適切かをたずねる訊き方である．注意深く読めば自明のことではあるが，選択肢の①と③が意味するもの，また②と④が意味するものは完全に同じである．にもかかわらず，前者の訊き方では①を選択する者の比率が，逆に後者の訊き方では④を選択する比率が明らかに高く

なるのである.

このことは，人が，助かるという利益に焦点化した表現では確実にそれをとりにいき（リスク回避），反対に，死ぬという損害に焦点化した表現では一か八かの賭に出る（リスク愛好）傾向を有するということを如実に物語っている．論理的に見れば，同じ設定の二つの問題に対して意思決定の態度を変えるというのはまさに一貫性を欠き，非合理的ということになる．しかしながら，実は，こうした人の情動的判断の傾向も，長期的視点で見ると，好転するのか悪化するのか，先の見通しが覚束ない不安定な環境下においては，少なくともなんらかの利益を取れるときには確実にとっておいた方が，逆に損害が続く閉塞状況ではさらなるリスク覚悟でも起死回生や一攫千金をねらった方が，結果的に，はるかに高い適応性に通じる可能性も否めないところであると考えられる．そうした意味では，やはり，一見するところの，今ここでの非合理性の背後には，長期的視座からすると，むしろ高い生態学的な合理性がひそんでいるといえるのかもしれない．

また，前節ですでに論じたように，それこそ，人の情動のなかには，少なくとも，その今においては，他者や集団とのかかわりにおいて，明らかに損をさせて益を遠ざけるものが少なからずあるわけであるが，その蓄積は，長期的な社会的適応や，ひいては究極の生物学的適応を招来する可能性が高いといいうる．いわゆるゲーム理論は，個体の意思決定や行動選択にかかわる説明モデルとして学際的に発展してきているわけであるが，そこでしばしば用いられる「囚人のジレンマ」課題（ともに犯罪にかかわった2人の囚人が別々に取り調べを受けるなかで，自身の黙秘・自白の選択がやはり同様の立場にある相手の選択によって，それぞれの刑期に大きな差異がもたらされるという状況設定で，どのような意思決定が適切かを問う）は，論理的・経済的合理性の視点からは明らかに双方とも自白することが「ナッシュ均衡」（相手の出方がどうであれ一つの戦略しかとりえない事態が2人ともに成り立っている状態：この場合は相手が自白でも黙秘でも自白した方の刑期が軽くなる）であるような場合でも，現実的に人が必ずしもそうはふるまわないことを，これまでの多くの研究が示している（吉村，2009）．たとえ犯罪を起こすような2人でも，仲間であった間柄では，自白，すなわち相手に対する裏切りには多かれ少なかれ罪悪感がともなうだろうし，あるいは出所後に相手から意趣返しをされるのではないかという不安や恐怖に苛まれることもあろう．現に，ネッセ（Nesse, 1990）は，囚人のジレンマ状況において，協力の場合には友情，愛，信頼感，義務感が，裏切りをする場合には不安や罪悪感が，裏切りにあった場合には拒絶感や憎悪が，典型的に多く発生することを報告している．

私たち人間は本源的に，そうした情動に引きずられて，しばしば論理的・数学的合理性に反する行動に走ってしまう存在なのかもしれない．しかし，先にも見たように，実はこうした情動に駆られた選択や行動が，現時現空間では一見いくら非合理的・反機能的に見えても，ゆくゆくはその個人の日常生活においてより大きな適応価をもたらすこともありうるのであろう．

e. いまだアップデートされない昔気質の心：進化的適応環境における合理性・現代的環境における非合理性

情動の合理性・非合理性に関して，私たちがもう一つ留意すべきことは，私たちの情動の進化的適応環境（EEA）が，基本的に私たちヒトの祖先における古環境であったと考えられるということである．進化心理学的な捉え方をするならば，種々の情動は，私たちの，とくにいまだ狩猟採集民として在った更新世の祖先に繰り返しふりかかった様々な適応上の難題に迅速に対処すべく長い進化の過程を経てヒトの脳に備わった（たとえば採餌，成長，配偶者選択，養育，心拍調整，睡眠管理，捕食者への警戒，協力者・敵対者認知などに特化した形で関係しており，特定の環境上の手がかりによって迅速に賦活される）計算的適応の産物ともいえるものなのかもしれない（e. g. Buss, 2008；Cosmides and Tooby, 1992, 1997）．そして，それは先にも見たように，トータル・ライフで見た際の，私たちヒト１人１人の遺伝子的適応，すなわち適応度（fitness）に深く寄与してきたと考えられる．

しかし，ここで考えるべきことは，元来，生物としてのヒトに備わった情動の野生的合理性が，現代の文明的な社会的環境においては必ずしも合致しなくなってきており，一部，無機能・反機能的なものに転化しているという可能性も否定できないのではないかということである．先に適応的堅実性という考え方について言及したが，高度な安全保障システムをつくりあげた現代においては，恐れや不安がかつてほどの適応価をもたなくなってきており，それらの過敏な発動は，引きこもりや種々の恐怖症などの形をとって，時に私たちの社会的適応性をひどく脅かすものともなりかねないのかもしれない．確かに，リスク対処のための瞬時センサーとしての恐れは，クマやトラなどとの遭遇が現実的に高確率で生じる状況では高度に適応的であったとしても，そうした遭遇確率が極端に低くなっている現今の文明世界では，その機能性はかなり低減してきているのかもしれない．むしろ，それは，時に水道の蛇口から滴るほんのわずかな水の音や見上げた天井の目の形をした木目などにも，いらぬ心的エネルギーを向かわせるという意味で，また，本来，もっと強く警戒してもいいはずの大気中のダイオキシンや放射能には，ほとんど作動しないという意味で，やや無用の長物的な性質を増してきているとみなすこともできるのだろう．

また，人には，未来の自らの利害に絡みそうなことに対する正負両面の情動反応の強度や持続時間を過剰に評価する傾向があり，人は時にこの大げさな感情的予測（affective forecasting）に引きずられて多大な投資あるいは防御行動などをとってしまい（e. g. Forgas, 2001；Gilbert and Wilson, 2000），たとえば株取引などにおいて法外な損害を被ってしまうようなことも，当然ありうるものと考えられる．それどころか，そうした情動に駆られた株取引は，今やインターネット上のたった1回のクリックで，個人の利害という範疇をはるかに超えて，グローバル化した証券市場を瞬時に混乱の渦に巻き込み，世界経済に大小様々な波紋を起こしかねないものといえる．

さらに，ダンバー（Dunbar, 1996, 2010）などにいわせれば，大半が狩猟採集民だった祖先種の時代，その生活集団の規模はせいぜい150人程度だったということになる．当然のことながら，それは，直接的に互いを認知し，それなりの頻度で相互作用しうる集団規模を意味するわけであるが，恥，罪，誇り，共感，同情，妬み，義憤，復讐心などのいわゆる社会的情動といわれるものは，基本的には，その集団規模のなかでの人の生活に合致する形で，あるいは同規模の集団間の葛藤や親和などに沿う形で，進化してきたものと考えられる．しかし，今や私たち現代人は，複雑に入れ子状をなす，大小多数の集団にまたがって生きている．そして時には，様々なメディアやインターネット等を通じて，地球の裏側にいる匿名の人やその人が起こした事象に対して強く意識を奪われ，そこで発動された種々の情動に従って，現実に，国や地域どうしの戦争や和平も含めた，正負様々なアクションを起こすことにもなるのである．それは，暗に，私たち現代人においては，もはや（祖先種においてそうであったような）直接的に顔を突き合わすことのできる特定の小集団のみへの適応が，個人の適応度（fitness）には必ずしも直結しないことを含意している．時にコスモポリタンとしての生きなければならない人にとって，種々の社会的情動がむしろ負に作用することが多くなってきている可能性があることも否定できないところである（e. g. Dunbar, 2010）．

先にハイト（Haidt, 2013）が，ヒトには6次元の道徳的直感が備わっていると仮定していることを記したが，そのうちの忠誠/背信という次元（自分の仲間には忠誠を尽くし，自身がその仲間を裏切ろうとする際には強い罪悪感を，また仲間が自分を裏切ろうとする場合には強い憤りを覚える傾向）は，いってみれば，私たち人が帰属する内集団（身内・仲間）びいきの性質を元来，強く有していることを意味している．生活の場が小規模な内集団に限定され，まだ外集団たる他の生活集団との接触があまり多くなかった時代，それはそこそこ，その内集団の凝集性や秩序あるいは生産性など維持し，引き上げることにおいて適応価が高かったものと推察される．しかし，帰属する集団が複雑化・大規模化し，また様々な外集団と頻繁に接触しうるようになった現代，それは，人類が様々な利器を手に入れたことと相まって，時に国家間の長く悲惨な争いのようなものを引き起こしかねない，あるいは現に引き起こしてしまっているといえるのであろう．

また，過去の時代，互いに顔を合わせ相互認識がなされうる小集団では生きにくかったであろう反社会性傾向の強い（善悪の違いを知的レベルでは理解しているにもかかわらず，共感性および道徳的問題への関心が欠如しているような）個人が，現代のように匿名性と流動性が高く，技術的に進んだ社会ではかつてはなかった適応性を得ている可能性が指摘されている（Crawford and Salmon, 2002）．そして，このことは，私たちに備わって在る情動の働きだけではもはや，そうした危険な人物に効率的な対処が難しいということを含意しているともいいえよう．

もっとも，人は長い歴史のなかで，生物としてのヒトの内なる情動の方向性に沿う形で，しかしながら，農耕現出以降の社会において立ち現れてきた様々な情動由来の難事に対処すべく，様々な文化を精巧緻密に築き上げてきたのかもしれない．一部の社会的規範や制度・司法あるいは技術や装置などが，元来，人が有していた種々の情動の傾向に沿うように，あるいはその適応的機能を代理的にさらに強めるように，築かれてきた可能性があるのである（e. g. Keltner and Haidt, 2001）．たとえば，婚姻の制度は人の愛情や嫉妬などを，また警察や裁判の仕組みは公正感や懲罰・報復情動などを制度的に体現し強化したものともみな

コラム6　非認知的能力＝人の心の情動的側面への注目

今から20年ほど前に話題をさらった書物に『ベル・カーブ（The Bell Curve）』(Hernstein and Murray, 1994) と題した1冊の本がある．それは，今でいうビッグデータに基づきながら，知的能力，すなわちIQの高低が経済的貧富を分ける主要因であり，社会的階層が，IQに基づく同類交配（IQ水準のほぼ等しい者どうしの結婚や家族形成）によって成り立っている可能性が高いこと，そしてまたIQの遺伝的規定性が強いことを論じ，(その書ではIQが平均的に際立って低いとされる）貧困層の出産および人口増大を実質的に後押ししている福祉や社会的政策のあり方を抜本的に見直すべきだと主張した．その，ある意味，遺伝的に運命づけられた知的エリートのみが社会的成功を手にしうるのとも受け取られかねない内容は，当然，物議を醸し，多くは人々の強い反発を買うことになったわけであるが，その1年後に，今度はそれとはほぼ真逆のベクトルで人の心を鷲づかみにする書物，すなわちゴールマン（Golman, 1995）による『情動的知性（Emotional Intelligence)』が出版されるのである．

それは，人の社会的な成功や幸福が純然たる知的能力 =IQではなく，むしろ情動的知性 =EI（emotional intelligence）によってもたらされること，そしてEIは遺伝よりも多分に教育やしつけあるいは個人の意思によって後天的に獲得可能なものであることを強く印象づけることで，すべての人があらゆる可能性に拓かれているという感覚を社会のなかにもたらしたといいうる．彼によれば，EIの不足によって，たとえば自分や他人の情動を読み違え，適切に自身の情動の制御や調節をし損なうことで，多くの場合，教育上の種々の達成も仕事におけるパフォーマンスや満足感なども低水準に止まることになり，また，その影響下において，少なからず様々な犯罪や精神の病なども生み出されることになるのだという．だが，EIは基本的にすべての人に習得・訓練可能なものとして在るため，たとえいかに社会的弱者であっても，原理的にそこからの脱出は実現可能なのだと主張したのである．生まれつきのブック・スマート（学問的世界での認知的賢者）の優越性を説く『ベル・カーブ』と叩き上げのストリート・スマート（日常世界での情動的賢者）の適応性を説く『情動的知性』とで，そのどちらがより人々の気持ちを揺さぶったかはいうまでもなかろう．

実のところ，アカデミック・サイコロジーのなかでのEI研究は，EIの精確な定義づけや測定が難しいということもあり，やや停滞気味といえなくもないのだが，ポピュラー・サイコロジーのなかでの人気はいまだ衰えを知らず，とくに欧米のビジネスの世界では，いわゆる「EI産業」なるものが成り立つほどに，その実践的な応用は活況を呈しているといっても過言ではない．EI に対するこうした注目は，社会の関心が，人の心のなかの認知的機能ではなく，むしろ非認知的機能の方に徐々に移行してきていることを物語っているといえるが，実は，別の方面からも，こうした移り変わりを実感することができる．それは，2000 年にノーベル経済学賞を受賞したヘックマン（Heckman, 2013）の主張である．彼の研究の多くは，教育への投資効果，すなわち人の生涯のどの時期に，教育にお金をかければ，最も効果的なのかという問いにかかわるものである．結論からいえば，就学前，とりわけ乳幼児期における教育の投資効果が絶大ということなのだが，彼が依拠しているデータの一つに「ペリー就学前計画」というものがある．

そこで対象とされたのは，アフリカ系の貧困層の子どもたちであり，3 歳時点で IQ が 70～85 ということからすれば，経済的な困窮のなかで家庭ではほとんどろくな教育やしつけを受けていない子どもたちであったと考えてよかろう．その計画では，ランダムに，そうした子どもたちを，3 歳から 2 年間にわたって，平日毎日，午前中に幼稚園に通い，初歩的な幼児教育のプログラムや遊びなどの活動を行うグループと，とくにこうした介入をまったく受けないグループに振り分け，その後，現在に至るまで，2 群の比較を目的にした追跡調査を行ってきている．そして，その結果は，前者のグループが 40 歳を過ぎても経済的により安定し，健全な市民としての適応的な生活を享受できているケースが圧倒的に多いことを示すものであった．一見，これは早期介入によって前者の子どもの IQ が引き上げられた効果のように思われがちである．しかし，実際のところ，介入終了後ほどなくして 2 群の IQ 差はなくなったことから，ヘックマンは，前者の子どもたちが幼稚園に通うなかで，IQ 以外の，まさに非認知的能力，おそらくは情動的知性も含めた，社会性や情動面での賢さを獲得できたことの生涯にわたる長期的な効果を，ことのほか強調することになるのである．

しうるであろう．文明下における制度や規則あるいは宗教などは，いわば元来，本質的に情動人として在るヒトが，徐々に現実の生活との齟齬をきたし始めた情動の限界を補うべく，人類史の比較的最近になって自ら構築した「ニッチ」（適応的に生きていくのにふさわしい環境）ともいいうるものなのかもしれない．

いずれにしても，すでに私たちの祖先におけるような野生的環境から脱し，高度な文明のなかに身をおく私たち現代人において，情動は多くの場合，そのままの発動ではなく，まさにその性質を深く理解し，ある種の知性をもってうまく加工・調節し，また適宜使い分けてこそ機能的という側面が大きいのだろう．レヴェンソン（Levenson, 1999）によれば，人の情動は，生活世界に遍在するいくつかの基本的な問題を効率的に処理するために進化の初期段階でデザインされたシンプルで強力なプロセッサーとしての「中核システム」のみならず，状況の特異性に応じて中核的システムにかかわる入出力を柔軟に調整するよう進化の後期段階でデザインされたコントロールメカニズム群としての「周辺システム」からも成っているという．この周辺システムは，事象との遭遇時に，その状況の性質に関する評価を調整することを通して，情動そのものの生起を抑えたり，固定的な反応傾向を変化させたりすることに寄与する一方で，情動表出の段階でも，たとえば社会的ルールに合致した表情や行為をとらせるなどの柔軟な調節をするらしい．また，それは，生涯にわたる様々な情動にまつわる学習を広く受け入れ，変化しうるものだという．

情動進化の背景となった環境からはおそらく大きく変質し，より不定型化し，また複雑化した現代の環境においては，そこでの社会的および生物学的適応を，この周辺システムの働きに負うところが大きくなってきているのだろう．近年とみに隆盛になってきている「情動的知性」(emotional intelligence)(e. g. Barrett and Salovey, 2002；Goleman, 1995；箱田・遠藤，2015；Matthews, Zeidner, and Roberts, 2002, 2011；Mayer, 2001；Mayer and Salovey, 1993) に関する諸議論も，実のところ，こうした周辺システムの重要性を認識したうえで，その働きをいかに高め，維持しうるかを問おうとするものであると理解できよう．

おわりに

本章で展開してきたのは，情動が，合理と非合理，背中合わせの両刃性という性質によって特徴づけられるということであった．両刃であれば，当然，その合理的な刃の側面の機能を最大化することこそ，本来，人が歩むべき道筋ということになるのであろう．おそらく，そのことをいち早く看破していたのが，アリストテレスであり，彼は，人が自身の生活のなかで，現実的な幸福を手にするためには，知識・思慮・技術といった知性的な徳だけでは足りず，場合によってはそれ以上に，多分に人の内なる情動に由来する倫理的な徳が必要であるとし，しかも，それが中庸なることが大切であることを説いていた．たとえば，彼は『ニコマコス倫理学』のなかで，怒りそのものが悪ではなく，悪しきは，タイミングと対象と方法を間違えた怒りであるということを述べている．逆にいえば，それらの要件に適った怒りは，私たちにとって必要不可欠であるということであり，要は使い方で，怒りの合理的な刃をうまく使えと説いているのである．

しかし，これまで人は，その非合理の刃の側面を過度に恐れて，合理の刃の側面も含め，情動という両刃そのものをふるわない，それを徹底的に管理・抑制することばかりにとらわれてきたのかもしれない．そして，プラトン以来，歴史のなかで，いつもまにか，極力，情動的でないことが人の幸福や適応を導くと勘違いされてしまってきたところが多分にあるのだろう．だが，今や時代はアリストテレス的情動観に親和性を示し始めているといいうる．アリストテレスに従えば，情動が過度にすぎず，ほどほど発動されているときこそが，こうした情動の合理の刃のうまい使い方が結果的にできていることになるのだろう．現代の情動研究者であるシェラー（Scherer, 2007）も，このアリストテレス的な見方にならい，情動が徹底的に制御され，完全に抑止されるような事態は，個人内の心身の安定や健康という観点からしても，個人間の関係性の集団の構築や維持という観点からしても，決して適応的とはいいえないと主張している．そして，現に，シェラー（Scherer, 2004）自身，実際のデータに基づきながら，日々の怒りやいらだちの経験の多さと，主観的幸福感や生活への満足度との間に逆U字型の関連性があることを見出し，怒りやいらだちがほどほどに経験され表出されることの適応性を実証的に示しているのである．

むろん，人が意識して情動的に中庸であることなど，そう容易にできることではないだろう．その意味からすれば，せいぜい私たちが心しておけることは，それこそハイト（Haidt, 2007, 2013）がいうように，まずは素直に情動に耳を傾け直感的にふるまおうとし，それから少し時間をかけて戦略的に理性や推論を働かせるということなのかもしれない．あるいは，タルミとフリス（Talmi and Frith, 2007）が記しているように，つねに多様な意思決定を迫られている私たち人にとっての課題は，直面している社会的文脈や目標に対して敏感になり，そこで自然に生起してくる種々の情動的反応を内省的推論プロセスと統合することによって，それを賢く活用する方法を経験的に学んでいくということになるのだろう．いずれにしても，情動の合理性は，人が意図して，あるいは努めて具現できるようなものではなく，基本的には，あくまでも，ある情動が降りかかるなかで，結果的にもたらされるものとして在るのだと考えられる．そして，それこそが，まさに情動の本性といいうるものなのである．

[遠藤利彦]

文　献

Allen NB, Badcock PBT：Darwinian models of depression：A review of evolutionary accounts of mood and mood disorders. *Prog Neuropsychopharmacol Biol Psychiatry* **30**, 815–826, 2006.

Aristotle（アリストテレス，高田三郎訳：ニコマコス倫理学，上，岩波文庫，1971）

Aristotle（アリストテレス，高田三郎訳：ニコマコス倫理学，下，岩波文庫，1973）

Axelrod A：Complexity of Cooperation：Agent-based Models of Competition and Collaboration, Princeton University Press, Princeton, NJ, 1997.

Badcock PBT, Allen NB：Adaptive social reasoning in depressed mood and depressive vulnerability. *Cognition and Emotion* **17**, 647–670, 2003.

Barrett KC, Salovey P (eds)：The Wisdom in Feeling：Psychological Processes in Emotional Intelligence, Guilford Press, New York, 2002.

Bloom P：How Pleasure Works, W. W. Norton & Company, New York, 2011.

Buss D：Evolutionary Psychology：The New Science of the Mind, Allyn & Bacon, New York, 2008.

Campos J, Campos R, Barett K：Emergent themes in the study of emotional development and emotion regulation. *Dev Psychol* **25**, 394–402, 1989.

Cosmides L, Tooby J：Cognitive adaptations for social exchange. In The Adapted Mind：Evolutionary Psychology and the Generation of Culture (Barkow J, Cosmides L, Tooby J eds), Oxford University Press, New York, pp. 163–228, 1992.

Cosmides L, Tooby J：Dissecting the computational architecture of social inference mechanisms. In Characterizing Human Psychological Adaptations (Bock G, Cardeco G eds) (Ciba Symposium No. 208, pp. 132–156), Wiley, Chichester, UK, 1997.

Cosmides L, Tooby J：Evolutionary psychology and the emotions. In Handbook of Emotions, 2nd edition (Lewis M, Haviland-Jones JM eds), Guilford Press, New York, pp. 91–115, 2000.

Crawford C, Salmon C：Psychopathology or adaptation? Genetic and evolutionary perspectives on individual differences and psychopathology. *Neuroendocrinology Letters Special Issue* Suppl. 4, **23**, 39–45, 2002.

Damasio AR：Descartes' Error：Emotion, Reason, and the Human Brain, Putnam, New York, 1994.（A. ダマシオ，田中光彦訳：生存する脳ー心と脳と身体の神秘，講談社，2000）

Damasio AR：The Feeling of What Happens：Body and Emotion in the Making of Consciousness, Harcourt Brace, New York, 1999.

Damasio AR：Emotions and feelings：A neurobiological perspective. In Feelings and Emotions：The Amsterdam Symposium (Manstead A, Frijda N, Fischer A eds), Cambridge University Press, New York, pp. 49–57, 2004.

Dennett D：Cognitive wheels：The frame problem of AI. In The Philosophy of Artificial Intelligence (Boden MA ed), Oxford University Press, London, pp. 147–170, 1984.

Dunbar RIM：Grooming, Gossip, and the Evolution of Language, Harvard University Press, Cambridge, MA, 1996.

Dunbar R：How Many Friends Does One Person Need?：Dunbar's Number and Other Evolutionary Quirks, Faber and Faber, London, 2010.

Descartes R：On the Passions of the Soul, 1649.（R. デカルト，谷川多佳子訳：情念論，岩波文庫，2008）

遠藤利彦：感情の機能を探る．藤田和生編：感情科学の展望，京都大学学術出版会，pp. 3-34, 2007.

遠藤利彦：自己と感情：その進化論・文化論．有光興記，菊池章夫編：自己意識的感情の心理学，北大路書房，pp. 2-36，2009.

遠藤利彦：「情の理」論：情動の合理性をめぐる心理学的考究，東京大学出版会，2013.

Erasmus D：Praise of Folly, 1508.（D. エラスムス，渡辺一夫，二宮　敬訳：痴愚神礼讃，中公クラシックス，2006）

Evans D：Emotion：The Science of Sentiment, Oxford University Press, New York, 2001.（D. エヴァンズ，遠藤利彦訳：感情（〈一冊でわかる〉シリーズ），岩波書店，2005）

Evans D：The search hypothesis. In Emotion, Evolution and Rationality（Evans D, Cruse P eds）, Oxford University Press, Oxford, pp. 179-192, 2004.

Fehr E, Gaechter S：Altruistic punishment in humans. *Nature* **415**, 137-140, 2002.

Forgas JP：Affective intelligence：The role of affect in social thinking and behavior. In Emotional Intelligence in Everyday Life：A Scientific Inquiry（Ciarrochi J, Forgas JP, Mayer J eds）, Psychology Press, Philadelphia, pp. 46-66, 2001.

Foot P：The problem of abortion and the doctrine of the double effect. *Oxford Review* **5**, 5-15, 1967.

Frank RH：Passions within Reason, Norton, New York, 1988.（R. H. フランク，山岸俊男監訳：オデッセウスの鎖：適応プログラムとしての感情，サイエンス社，1995）

Frank RH：Adaptive rationality and the moral emotions. In Handbook of Affective Sciences（Davidson RJ, Scherer KR, Goldsmith HH eds）, Oxford University Press, New York, pp. 891-896, 2003.

Frank RH：Introducing moral emotions into models of rational choice. In Feelings and Emotions：The Amsterdam Symposium（Manstead A, Frijda N, Fischer A eds）, Cambridge University Press, New York, pp. 422-440, 2004.

Frijda NH：The laws of emotion. *Am Psychol* **43**, 349-358, 1988.

Frijda NH：The Laws of Emotion, Lawrence Erlbaum, Hillsdale, NJ, 2006.

Gilbert DT, Wilson TD：Miswanting：Some problems in the forecasting of future affective states. In Feeling and Thinking：The Role of Affect in Social Cognition（Forgas JP ed）, Cambridge University Press, New York, pp. 178-200, 2000.

Goleman D：Emotional Intelligence：Why It Can Matter More Than IQ, Buntam Books, New York, 1995.（D. ゴールマン，土屋京子訳：EQ～こころの知能指数，講談社，1996）

Greene JD, Sommmerville RB, Nystrom LE, Darley JM, Cohen JD：An fMRI investigation of emotional engagement in moral judgement. *Science* **293**, 2105-2108, 2001.

Güth W, Schmittberger L, Schwarze B：An experimental analysis of ultimatum bargaining. *J Econ Behav Organ* **3**, 367-388, 1982.

Haidt J：The Happiness Hypothesis：Finding the Modern Truth in Ancient Wisdom, Basic Books, New York, 2005.

Haidt J：The new synthesis in moral psychology. *Science* **316**, 998-1002, 2007.

Haidt J：The Righteous Mind：Why Good People Are Divided by Politics and Religion, Vintage, 2013.（J. ハイト，高橋　洋訳：社会はなぜ左と右にわかれるのか，紀伊國屋書店，2014）

箱田裕司，遠藤利彦編：本当のかしこさとは何か―感情知性（EI）を育む心理学，誠信書房，2015.
Heckman J：Giving Kids a Fair Chance, MIT Press, Cambridge, MA, 2013.（J. ヘックマン，古草秀子訳：幼児教育の経済学，東洋経済新報社，2015）
Henrich J, Henrich N：Culture, evolution and the puzzle of human cooperation. *Cognitive Systems Research* **7**, 220–245, 2006.
Henrich J, McElreath R, Barr A, Ensimger J, Barrett C, Bolyanatz A, Cardenas JC, Gurven M, Gwako E, Henrich N, Lesorogol C, Marlowe F, Tracer D, Ziker J：Costly punishment across human societies. *Science* **312**, 1767–1770, 2006.
Herrnstein RJ, Murray C：The Bell Curve：Intelligence and Class Structure in American Life, Free Press, New York, 1994.
Hume D：A Treatise of Human Nature, 1739.（D. ヒューム，土岐邦夫，小西嘉四郎訳：人性論，中公クラシックス，2010）
Izard CE：The Psychology of Emotions, Plenum Press, New York, 1991.
Izard CE：Emotions and facial expressions：A perspective from Differential Emotions Theory. In The Psychology of Facial Expression（Russell JA, Fernández-Dols JM eds）, Cambridge University Press, Cambridge, UK, pp. 57–77, 1997.
Johnston VS：Why We Feel, Perseus Books, New York, 1999.（V. S. ジョンストン，長谷川真理子訳：人はなぜ感じるのか？　日経 BP 社，2001）
Kant I：Critique of Judgment, 1793.（I. カント，篠田英雄訳：判断力批判，上，下，岩波文庫，1964）
Keltner D：Born to Be Good：The Science of a Meaningful Life, W. W. Norton & Company, New York, 2009.
Keltner D, Haidt J：Social functions of emotions at four levels of analysis. *Cognition and Emotion* **13**, 505–521, 1999.
Keltner D, Haidt J：Social functions of emotions. In Emotions：Current Issues and Future Directions（Mayne J, Bonanno GA eds）, Guilford Press, New York, pp. 192–213, 2001.
Kohlberg L：Essays on Moral Development, Vol. I：The Philosophy of Moral Development, Harper & Row, San Francisco, CA, 1981.
Kohlberg L, Charles L, Alexandra H：Moral Stages ：A Current Formulation and a Response to Critics, Karger, Basel, NY, 1983.
Konner M：The Evolution of Childhood：Relationships, Emotion, Mind, Belknap Press of Harvard University Press, New York, 2010.
Lazarus RS：Emotion and Adaptation, Oxford University Press, Oxford, 1991.
Lazarus RS：The cognition-emotion debate：A bit of history. In Handbook of Cognition and Emotion（Dalgleish T, Power M eds）, Wiley, Chichester, UK, pp. 3–19, 1999.
LeDoux JE：The Emotional Brain, Simon and Schuster, New York, 1996.
LeDoux JE：Emotion circuits in the brain. *Annu Rev Neurosci* **23**, 155–184, 2000.
LeDoux JE：Synaptic Self, Viking, New York, 2002.
Levenson RW：The intrapersonal functions of emotion. *Cognition and Emotion* **13**, 481–504, 1999.
Marcus G：Kluge：The Haphazard Evolution of the Human Mind, Houghton Mifflin, New York, 2009.
Matthews G, Zeidner M, Roberts RD：Emotional Intelligence：Science & Myth, The MIT

Press, London, 2002.

Matthews G, Zeidner M, Roberts RD：Emotional Intelligence 101, Springer, New York, 2011.

Mayer JD：A field guide to emotional intelligence. In Emotional Intelligence in Everyday Life：A Scientific Inquiry（Ciarrochi J, Forgas JP, Mayer JD eds）, Psychology Press, New York, pp. 3-24, 2001.

Mayer JD, Salovey P：The intelligence of emotional intelligence. *Intelligence* **17**, 433-442, 1993.

McCullough ME：Beyond Revenge：The Evolution of the Forgiveness Instinct, Jossey-Bass, San Francisco, 2008.

Mikhail J：Universal moral grammar：Theory, evidence and the future. *Trends Cogn Sci* **11**, 143-152, 2007.

Mikhail J：Elements of Moral Cognition：Rawls' Linguistic Analogy and the Cognitive Science of Moral and Legal Judgment, Cambridge University Press, New York, 2011.

Minsky M：The Emotion Machine：Commonsense Thinking, Artificial Intelligence, and the Future of the Human Mind, Simon & Schuster, New York, 2006.

Moll J, de Oliveira-Souza R, Zahn R：The neural basis of moral cognition：Sentiments, concepts, and values. *Ann N Y Acad Sci* **1124**（*The Year in Cognitive Neuroscience*, 2008）, 161-180, 2008.

Nesse RM：Evolutionary explanations of emotions. *Hum Nat* **1**, 261-283, 1990.

Nesse RM：Natural selection and the regulation of defenses：A signal detection analysis of the smoke detector principle. *Evol Hum Behav* **26**, 88-105, 2005.

Nesse RM, Ellsworth PC：Evolution, emotions, and emotional disorders. *Am Psychol* **64**, 129-139, 2009.

Niedenthal PM, Krauth-Gruber S, Ric F：Psychology of Emotion：Interpersonal, Experiential, and Cognitive Approach, Psychology Press, New York, 2006.

Nowak MA, Karen P, Sigmund K：Fairness versus reason in the ultimatum game. *Science* **289**, 1773-1775, 2000.

Oatley K：Best Laid Schemes：The Psychology of Emotions, Cambridge University Press, Cambridge, UK, 1992.

Oatley K：Emotions：A Brief History, Blackwell Publishing, Malden, MA, 2004.

Öhman A：Fear and anxiety：Evolutionary, cognitive, and clinical perspectives. In Handbook of Emotions, 2nd edition（Lewis M, Haviland-Jones JM eds）, Guilford Press, New York, pp. 573-593, 2000.

Öhman A, Wiens S：The concept of an evolved fear module and cognitive theories of anxiety. In Feeling and Emotions：The Amsterdam Symposium（Manstead ASR, Frijda N, Fischer A eds）, Cambridge University Press, Cambridge, UK, pp. 58-80, 2004.

大槻　久：協力と罰の生物学，岩波科学ライブラリー，2014.

Pascal B：Pensées. B, 1670.（パスカル，前田陽一，由木　康訳：パンセ，1，2，中公クラシックス，2001）

Ridley M：The Origins of Virtue, Felicity Bryan, Oxford, 1996.（M. リドレー，岸　由二監修，古川奈々子訳：徳の起源，翔泳社，2000）

Russell B：Conquest of Happiness, 1930.（B. ラッセル，安藤貞雄訳：幸福論，岩波文庫，1991）

Scherer KR：Feelings integrate the central representation of appraisal-driven response organization in emotion. In Feelings and Emotions：The Amsterdam Symposium（Manstead A, Frijda N, Fischer A eds）, Cambridge University Press, New York, pp. 136-

157, 2004.

Scherer KR : Componential emotion theory can inform models of emotional competence. In The Science of Emotional Intelligence : Knowns and Unknowns (Matthews G, Zeidner M, Roberts R eds), Oxford University Press, New York, pp. 101-126, 2007.

Sen A : Choice, Welfare, and Measurement, MIT Press, Cambridge, MA, 1982.

Sigmund K : Games of Life : Explorations in Ecology, Evolution, and Behaviour, Penguin, New York, 1995.

Sigmund K, Fehr E, Nowak MA : The economics of fair play. *Sci Am* January 2002, 83-87, 2002.

Skinner BF : Walden Two, Prentice-Hall, Englewood Cliffs, NJ, 1948. (B. F. スキナー，宇津木保訳：ウォールデン・ツー―森の生活：心理学的ユートピア，誠信書房，1983)

Smith A : The Theory of Moral Sentiments, 1759. (A. スミス，水田　洋訳：道徳感情論，上，下，岩波文庫，2003)

Smith A : An Inquiry into the Nature and Causes of the Wealth of Nations, 1789. (A. A.スミス，水田　洋，杉山忠平訳：国富論，1，2，岩波文庫，2000)

Smith RH : Assimilative and contrastive emotional reactions to upward and downward social comparison. In Handbook of Social Comparison : Theory and Research (Suls J, Wheeler L eds), Kluwer Academic/Plenum Publishers, New York, pp. 173-200, 2000.

Smith RH, Kim SH : Comprehending envy. *Psychol Bull* **133**, 46-64, 2007.

Solomon RC : What Is an Emotion : Classic and Contemporary Readings?, 2nd edition, Oxford University Press, New York, 2003.

Solomon RC : The philosophy of emotions. In Handbook of Emotions, 3rd edition (Lewis M, Haviland-Jones JM, Barrett LF eds), Guilford Press, New York, pp. 3-16, 2008.

Spirada CS, Stich S : Evolution, culture, and the irrationality of the emotions. In Emotion, Evolution and Rationality (Evans D, Cruse P eds), Oxford University Press, Oxford, pp. 133-158, 2004.

多田洋介：行動経済学入門，日本経済新聞社，2003.

Talmi D, Frith C : Neurobiology - feeling right about doing right. *Nature* **446**, 865-866, 2007.

友野典男：行動経済学：経済は「感情」で動いている，光文社新書，2006.

Tooby J, Cosmides L : The past explains the present : Emotional adaptations and the structure of ancestral environments. *Ethol Sociobiol* **11**, 375-424, 1990.

Tooby J, Cosmides L : The evolutionary psychology of the emotions and their relationship to internal regulatory variables. In Handbook of Emotions, 3rd edition (Lewis M, Haviland-Jones JM, Barrett LF eds), Guilford Press, New York, pp. 114-137, 2008.

Trivers RL : Social Evolution, Benjamin Cummings, Menlo Park, 1985. (R. L. トリヴァース，中嶋康裕，福井康雄訳：生物の社会進化，産業図書，1991)

Tversky A, Kahneman D : The framing of decisions and the psychology of choice. *Science* **211**, 453-458, 1981.

吉村　仁：強い者は生き残れない：環境から考える新しい進化論，新潮選書，2009.

5
集団行動と情動

5.1 社会的な動物としての人間

「人間は社会的な動物である」―アリストテレスの言葉に表されるように，私たち人間は集団を利用し，そのなかで生活してきた．しかし，いったん人間以外の動物に目を向けると，群れを形成して生活する種ばかりではない．このことは，生物が生きるうえで「群れ」の形成は必須の条件ではないことを意味している．こうした観点から考えれば，人間が群れ生活という特有のスタイルをとっている背景には，それを可能にするなんらかの特性が備わっているはずである．たとえば，米国の進化生物学者であるロビン・ダンバー（Robin Dunbar）は，人間が大きな群れのなかでの生活に適応する形で脳を進化させてきたという説，「社会脳仮説（social brain hypothesis）」を提唱している．

ダンバーは様々な霊長類の大脳新皮質（ヒトでは知覚や認知，判断，言語，思考，計画などのいわゆる精神活動を担っているとされる場所）の大きさを調べていたところ，平均的な社会集団の規模が大きい種ほど，大脳新皮質のサイズが大きいという関係性を見いだした．ヒトはそのなかでもとりわけ大脳新皮質が大きく，そのサイズからはおおよそ150人ほどの群れサイズをマネージメントできると推定されるという（Dunbar, 1998）．ここから，ヒトのもつ大きな大脳新皮質は複雑な社会的相互作用，つまり，血縁関係にない他者を含む集団において他者と協調したり競合したりするなかで進化してきたものであると考えられている．

また，ニコラス・ハンフリー（Nicholas Humphrey）もヒトを含む類人猿の適応環境は自然環境というより社会環境であると論じている．類人猿は最も知的な存在である一方で，採餌や天敵から身を守るといった生存にかかわる知性を用いることの必要性は最も低いように見える．実際に類人猿は食べ物も豊富で，楽に収穫ができ，捕食者も事実上ほとんどいないに等しい．ではなぜ類人猿は他の種から際立って高い知性をもっているのか．ハンフリーはヒトを含む類人猿がもつ高度な知性は群れの内部の同種他個体との利害対立やそれにともなう交渉，さらに余計な対立を避け協調するといった社会的行動が要請したものであろうと論じている（Humphrey, 1988）．

いいかえれば，私たちのもつ様々な認知的・情動的特質は集団生活のなかに存在する適応課題を解くように形づくられてきたといえよう．したがって，人間行動を考えるうえで，人々が集団を形成し，相互作用する過程は無視できないものであろう．本章では，集団において人々は互いにどのような影響を与え合うのか，どのようなメカニズムで他者から社会的影響を受けるのかを実証的な知見を紹介しながら検討していく．

5.2　集団における情動現象

サバンナやジャングルにひとり残される場面を想像してみよう．そうした場面で，人類が他の種よりも生存に優れていると感じる身体的要素はきわめて少ないだろう．人類が集団を形成することによって熾烈な生存競争を勝ち抜いてきたことは疑いようがない事実である．しかしその一方で，集団になることによって，時として通常の個人の行動からは考えられないような「異常」な行動が生じることも多くの研究者によって指摘されてきた．たとえば，サッカーの試合後にしばしば見られる興奮したフーリガンらによる暴動や，災害時に生じる集団略奪行為などが代表的な例としてあげられる．

また，集団におけるパニック行動が悲劇を生んだ事例もある．2001 年に兵庫県明石市の花火大会で起きた歩道橋事故はこうした大惨事のうちの一つである．花火を見るために約 13 万人が訪れ，会場と駅とを結ぶ歩道橋を行き交う見物客がごった返し，動けない状況となっていた．行き場を失った人々が焦りや苛立ちから四方八方へ動こうとした結果，人々が押し合いとなり，将棋倒しによって 11 名の死者と 247 名の重軽傷者を出す大惨事となったといわれている（『朝日新聞』2001 年 7 月 22 日朝刊「1 面」「社会面」）．

1938 年に放送されたオーソン・ウェルズ演出による『宇宙戦争』（H・G・ウェルズ原作）のラジオドラマによって引き起こされた集団パニックも有名な事例の一つである．このドラマの冒頭は現実に起こりそうな日常的な事件の場面から始まり，しだいに「火星人侵入」という非現実的なできごとへと進行していくという流れになっていた．ドラマではリアリティを高めるための演出として途中で断続的に「臨時ニュース」が入ったり，アナウンサーの口調がしだいにヒステリックになっていく様子が描かれていたが，あくまでも火星人侵入の事件はフィクションであることが放送中に4回も伝えられていた．それにもかかわらず，多くの人々がこの放送を本気にしてしまい，大規模なパニックを巻き起こしたことが知られている．なかには悲鳴をあげて家から飛び出す人や，家族揃って地下室に逃げ込む人もおり，病院は来訪する人々であふれ，逃げようとする自動車で高速道路が渋滞したという（Perry and Pugh, 1978）.

こうしたパニックや暴動などの集団レベルの現象は「集合行動」という枠組みでとらえられ，19世紀終わり頃から社会学者や社会心理学者の注目を集めてきた．これらの現象がどのようなメカニズムで生じるのかについては様々な説が提唱されており，とくに有名な古典的議論として，ル・ボン（Le Bon）の『群衆心理（The Crowd）』があげられる．

5.3　ル・ボンの古典的なパースペクティブ

ル・ボンは群衆を社会秩序を脅かす存在としてみなしており，当時のフランスにおいて群衆が勢力を増してゆくことを憂慮していた．ル・ボンの議論によれば，人々は群衆になると独立性を失い，個々人の生活様式や職業，性格にかかわらず，メンバーの情動や観念が徐々に同一の方向性をもちはじめ，その集団特有の精神が芽生えるという．また，群衆は衝動的で興奮しやすく，判断力や批判精神を欠く一方で，大きな集合体の一部になることで無敵であるかのように感じ，匿名性が増すことによって個人的責任感が薄れ，原始的で破壊的な情動が芽生えやすくなるという（Le Bon, 1895）.

しかし，後述するように，ル・ボンの主張に代表される古典的な集合行動観，「情動的，非合理的，暴力的な存在」としての群衆観は，その後の実証研究により妥当性が低いことが指摘されている．実際には，緊急事態のような場面においても人々は往々にして集団として自己統制力をもち，冷静に行動することがある．

5.4　緊急時の人々のふるまい

東日本大震災の際の日本人の行動が各国のメディアで取り上げられ，略奪やパニック，自己中心的なふるまいが増加するのではなく，被災した中心地でさえも人々は助け合い譲り合うといった秩序だった行動を見せたことが賞賛を浴びたのは記憶に新しい．こうした秩序あるふるまいは稀有なものなのだろうか．実は日本に限らず，災害時にパニックを起こして自制心を欠いた行動に出る人はほとんどいないことが災害時の調査から示されている．

1952年に米国アーカンソー州で大規模な竜巻被害が生じた際に行われたフィールド調査では，約7割の人々が「自制心を保っていた」と回答しており，パニック状態になったという報告は0件であった．これらの回答が「社会的に逸脱した行動をとったことを認めたくない」という欲求によるものである可能性もあったため，本人の報告だけでなく被災時に一緒にいた人の反応についても回答してもらった．その結果，自制心を欠いた行動を観察したという報告も少なく，1割弱に留まっていた（Fritz and Marks, 1954）．

このように，緊急時に生じるとされている，情動に駆られた暴動やパニック伝染は実際にはまれにしか生じないようである．では集合行動とは，個人行動の累積として十分に理解できる，単純な現象なのだろうか．たしかに集団パニックのような典型的事例は少ないものの，個人の行動の単純な総和では説明しきれない集団レベルの現象は様々な場面で見られる．近年の社会的ネットワークに着目した研究から，日常生活の様々な場面で，人々がネットワークを介して他者と影響を与え合うことによって，個人の行動の延長としてはとらえられない創発的な集合現象が生じることがわかってきた．

5.5　創発的な集合現象

a.　犯罪行動

街のなかで犯罪が蔓延する現象もこうした現象の一つである．犯罪の重要な特徴として，犯罪率が時代や場所によって大きく変化することがあげられる．たとえば，1990年の国ごとの殺人率を見ると，日本では人口100万人あたり6.1件，スウェーデンでは12.6件，米国では98.0件となっている．さらに同じ米国内でも，深刻な犯罪が起きる割合はニュージャージー州のリッジウッド村では0.008%（年間1人当たり），アトランティックシティでは0.384%と，州の間でもかなりのばらつきがある（Glaeser et al., 1996）．また，同じ市内でも犯罪が起きやすい通りから数ブロック離れた通りではほとんど犯罪が起きないということもよくあることである．

このような地域や時代による犯罪率のばらつきはなぜ生じるのだろうか．社会経済状況が時期や場所によって異なっており，それに応じて犯罪の時間的，地理的なクラスターが生成されているのだろうか．こうした疑問に答えるべく，ハーバード大学のグレーサー（Glaesser）らの研究チームは経済モデルに基づくデータ解析を行った．その結果，驚くべきことに，特定の地域や時期における社会経済状況によって説明されるのは犯罪率にみられる時間的空間的ばらつきの30%に満たないことを明らかにした．そこで，グレーサーらは個々人の犯罪にかかわる意思決定について，個人に特有の要因（社会経済状況や，心理的態度）に加え，周囲の他者の犯罪的行為の頻度という要因を考慮した新たなモデルを導入した．このモデルに基づいて，1970年，1985年の米国全体，および1985年のニューヨークにおける犯罪率を解析すると，近隣の他者が犯罪を行うか否かという要因こそが社会経済状況の差異だけでは説明できなかった大部分を説明しうることが明らかになった．とりわけ，こうしたローカルな社会的影響は窃盗，自動車盗難，暴行や強盗の発生において強い説明力をもつことがわかった（放火や殺人，レイプにはあまり説明力をもたなかった）．

グレーサーらの研究結果から，犯罪にかかわる意思決定は身近な他者が行う決定から影響を受けるということ，そして，影響を受けた人物が行動することで，さらにその人物の身近な他者へ影響を与えるという正のフィードバックを生み出すということがわかった．犯罪の時間的，地理的なクラスターはこうしたローカルな社会的相互作用が集積した結果生じたものであるらしい．

b.　肥満現象

最近の研究により，肥満も同様に広まりやすい現象であることが指摘されている．ハーバード大学のニコラス・クリスタキス（Nicholas Christakis）とカリフォルニア大学サンディエゴ校のジェームズ・ファウラー（James Fowler）は長期にわたる心臓血管病の疫学的調査データを再解析し，家族や友人関係などのコミュニティ内の社会的ネットワークが肥満とどのように関連しているのかを検討した．このデータは，フラミンガム心臓研究（the Framingham Heart Study）として知られている，マサチューセッツ州フラミンガム在住の人々の健康状態を32年間に渡り追跡した大規模なパネル調査である．

ネットワーク解析の結果，肥満の人（Body Mass Index：BMI値が30以上の人）

と肥満でない人が異なるクラスターを形成していることが明らかになった．いいかえれば，肥満の人々は肥満でない人々に比べて，友人が肥満であったり，友人の友人が肥満であったり，そのまた友人が肥満である傾向が強いということである．さらに，友人が肥満である場合は，そうでない場合に比べて自分も肥満になる確率が57% 増え，兄弟が肥満である場合には40% 増え，配偶者が肥満である場合には37% も増加することがわかった（Christakis and Fowler, 2007）．こうした傾向は先にあげた犯罪行動の場合と同様に，肥満とは社会的ネットワークを介して広まる集合現象としての側面をもつことを示している．つまり，直接に互いのことを知らなくても，ある人の過食は社会的ネットワークを介して他の人の過食に影響を及ぼしているわけである．

c. 幸　福

人の主観的な幸福度についても同様の知見が見出されている．同じくファウラーとクリスタキスによるフラミンガム心臓研究のデータの再解析の結果は，こうしたクラスターが，単に似たような性格特性をもつ人物どうしが集まったために生じたものではなく，社会的ネットワークを介して幸福度が“伝染”することによって生じる，集合的な帰結であることを示している．図 5.1 に示すように，本人が幸福である確率は，近傍に幸福である人間がいるかどうかに大きく依存する．たとえば，本人が幸福である確率は，直近の友人が幸福である場合に，友人の友人が幸福である場合よりも高い．同様に，本人が幸福である確率は，友人の友人が幸福である場合に，友人の友人の友人が幸福である場合よりも高いという結果が得られた．さらに，こうしたネットワーク上の社会的距離だけではなく，地理的距離の重要性も示されている．個人が幸福になる確率は 0.5 マイル以内の近隣に住んでいる人が幸福である場合に最も高く，幸福である人物との距離が離れるほど低下していた（Fowler and Christakis, 2008）．

上述の研究結果から，社会的ネットワークを介して他者と互いに影響を与え合うことによって結果的に幸福感という情動状態，食事の量や質，犯罪行為にかかわる人々の意思決定が集団内で収斂していく過程がみてとれる．こうした現象は，古典的集合行動論が扱ってきたパニックや暴動のような非理性的な行動とは質的に異なっているように見えるものの，集団における人々の行動が，社会的相互作

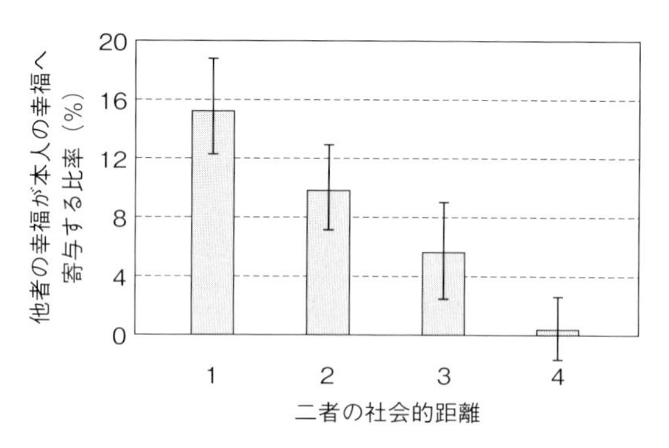

図 5.1　社会的距離と幸福の関係（Fowler and Christakis, 2008）

1：直接の知人どうし，2：知人の知人，3：知人の知人の知人，4：知人の知人の知人の知人．

社会的距離とは，友人や家族，隣人などの知人を介した社会ネットワークにおける距離を指す．社会的距離が近い相手が幸福であるときほど，本人が幸福である確率が高くなるというパターンが読み取れる．縦軸の寄与率は，社会的距離の影響を正確に評価するため，社会的距離の効果を統制した場合に予測される，幸福である比率を0とし，そこからどの程度高まっているかを算出したものである．直接の知人の幸福は本人の幸福に寄与する比率が最も高く，社会的距離が3離れている場合でさえも他者の幸福が社会的ネットワークを介して本人の幸福が他者の幸福によって影響を受けていることがわかる．

用を経ることによって，個人の行動の単純な総和とは異なるものになりえることを示している．ではこれらの創発的な集合現象はどのような心理的・認知的メカニズムが働くことによって生じているのだろうか．

5.6　合理的な同調仮説

集団が平均的な個人のふるまいの総和だけでは説明しきれない創発現象を示すという事実は，必ずしも人々が「不合理」にふるまうことを意味するわけではない．経済学や人類学の観点から，自己利益を最大化するような合理的エージェントを仮定したとしても集団レベルでの「不合理」な創発現象行動が生じることが指摘されている．

コラム7 集合的無知

アンデルセンによる童話『裸の王様』で見られる現象は，集合的無知（pluralistic ignorance）と呼ばれている．集合的無知とは，それぞれの個人はXという信念（「王様は裸に見える」）をもっているのだが，自分以外の集団成員はY（「王様は服を着ている」）という信念をもっていると思っている，という状況が，集団内の全員について同時に成立している状況である．そして，全員が「他のメンバーがもっている」信念Yとは異なる行動をとることを避けようとする結果，実際は信念Yを信じている人は1人もいないのに，全員が信念Yに合致した行動をとっているのである．

集合的無知については，おもに社会心理学で様々な研究が行われてきた．Prentice and Miller（1993）やBorsani and Carey（2001）では，大学でのパーティーに関する一連の調査により，学生たちは，自分以外の平均的な学生は，自分より飲酒を楽しいと感じていると思い込んでいることから，無理な飲酒行動が生じていることを報告している．また，Miller and McFerland（1991）では，学校において，授業内容が理解できていないのは自分だけだと学生が思い込む結果，1人も理解できていないのにだれも質問をすることができない，という状況が生まれることを報告している．

なぜ，このようなことが起きるのだろうか．集合的無知が生じているような場面では，自分だけが周囲の他者と異なることをしてしまうと，恥をかいたり，罰を受けたりする可能性がある．そのため，人々は，自分自身の信念ではなく，他者の信念に合致する行動をとる必要がある．他者の信念は推測するしかないが，この際，それを誤って推測してしまうというリスクが生じる．ゆえに，人々は，実際の他者の信念と異なる行動をとってしまうことがある．実際には集団内の全員の信念が同じときでも，一部の人々の間で推測の誤りが生じて，信念と合致しない行動が生み出されることがある．すると，その行動から，集団内の他の成員の間にも誤った信念の推測が生み出される．このことによってさらに，その誤った信念に合致した行動が生み出される，という連鎖が起こるので，結果的に，実際に全員がもつ信念とは異なる行動によって集団が支配される集合的無知が生まれる．人々が互いに信念を読み合って行動を決めるという状況が，集合的無知を生み出すのである．

このような他者信念の読み合いについての議論は，経済学においてもなされてきた．経済学者のケインズは，他者信念の読み合い状況が金融市場での取引においても成立していることを説明するために，美人投票ゲームという例を考えた（Keynes, 1936）．美人投票ゲームとは，100枚の候補者の写真のなかから最も美人だと思う候補者に投票してもらい，最も得票数が多かった候補者に投票した人に賞品を与えるというゲームである．このゲームでは，ある候補者に票が集まると考えられるとき，自分が美人だと思う候補者に正直に投票するインセンティブは存在しない．このことが全員について生じると，だれも美人だと思っていない候補者に票が集中するという結果が生じうる．金融市場での証券の価格についても同様に，たとえその企業の業績が良好には見えなくとも，多くの人々にとってその証券が人気であれば，その価格は上昇する．よって，実際は市場にいる全員が，業績が良いとは思っていない企業に，買い注文を集中させるということがありえるのである．

集合的無知についても，人々は他者の信念を推測したうえで，自分の行動を決定している．その結果として，だれの信念とも合致しない行動によって，集団が支配され，抜け出すことができなくなる．

童話『裸の王様』の最後では，無邪気な，いいかえると，"空気の読めない"子どもの「王様は裸だ！」という発言から，自分だけでなく他の人も王様の服が見えていないのだという事実が一瞬にして明らかになった．なんらかの形で，他者の本当の信念が正確に伝わるようになると，人々の行動も，それにあわせたものに変わっていき，集合的無知は消滅する．　［齋藤美松］

文　献

Borsari B, Carey KB：Peer influences on college drinking：A review of the research. *Journal of Substance Abuse* **13**(4), 391-424, 2001.

Keynes JM：The General Theory of Employment Interest and Money, Macmillan London, London, 1936.

Miller DT, McFarland C：When social comparison goes awry：The case of pluralistic ignorance. In Social Comparison：Contemporary Theory and Research (Suls J, Wills TA eds), Erlbaum, Hillsdale, NJ, pp. 287-313, 1991.

Prentice DA, Miller DT：Pluralistic ignorance and alcohol use on campus：Some consequences of misperceiving the social norm. *J Personality and Social Psychol* **64**(2), 243-256, 1993.

アンデルセン童話の『裸の王様』は合理的同調の典型的な例を提供している．物語では，見た目をとても気にかける王様が彼に最も似合う衣装をつくると約束した2人の仕立て屋を雇った．仕立て屋は王様の衣装を献上する場面で，地位にそぐわないような人物や救いようもなく愚かな人物には見ることさえできないめずらしい生地を使ってつくったと伝えた．王様に自分の衣装は見えない．しかし自分自身がその地位にそぐわないことや自分が愚かであることが明らかになってしまうことを恐れて，まるで見えているかのようにふるまう．結果，こうしたふるまいが大臣や従者，市民にまで広がってゆく．このような場面では周囲の他者が沈黙している状況では黙っていることが合理的であるため，「沈黙のらせん（spiral of silence）」（Noelle-Neumann, 1993）が生じる．「他の人の目には見えているかもしれない」という可能性があるかぎり，きわめて低い可能性であっても，真実をいおうと立ち上がることはリスクをともなう行動である．一旦こうした認識が同時に全員に共有されてしまうと，個々人がもともともっていた認識が侵害されるような均衡に落ちついてしまう．

根拠のないうわさがきっかけとなって銀行の取り付け騒ぎ（特定の金融機関に対する信用不安から，預金者が預貯金を取り戻そうとして混乱をきたす現象）が生じるのも似たような例である．銀行が破産するという予言が社会的相互作用のなかで正のフィードバックを生み，マクロレベルで信用破綻が実現してしまう．

a.　情報カスケード

情報カスケードは合理的同調の代表的なものである．独自の情報がほとんどないとき，人は他者の言葉や行動がもたらす情報に頼りやすい．情報カスケードとは，先行する他者の間で意見・行動が一致している際に，自分がもっている情報のいかんにかかわらず，先行者に倣うことが最適である場合に生じる．

ビフチャンダーニ（Sushil Bikhchandani）らは情報カスケードのプロセスについて学術雑誌への論文投稿の例をあげて言及している．初めに投稿された雑誌の査読者は投稿論文の質について査定し，その論文を載せるか載せないかを決定する．そのうえで，もし次の雑誌の査読者が最初の雑誌において掲載が拒否されたことを知ったとしよう．査読者がつねに論文の質を完璧に評価できるわけではないこと想定すると，他誌で掲載が拒否されたという事前知識は2番目の雑誌の査読者の決定を拒否の方向に向かわせやすくするだろう．もし2番目の雑誌にも拒否されたとすると，こうしたプロセスは他の雑誌にも波及し，拒否の連鎖が生じると考えられる（Bikhchandani et al., 1992）．経済学のモデルによると，このような順次に決定していく状況においては，ある段階を超えると，合理的な意思決定者は個人情報を無視してでも他の人が行った意思決定に基づいて行動すると予測される．いったんこの段階に到達すると，すべての意思決定者はそれ以降同じ決定をするため，情報カスケードが生じる．この場合，もし初期の決定が誤りであったとしたら（1番目の雑誌ですばらしい論文を拒否してしまった場合），

コラム 8　情報カスケード

社会をマクロな視点で見てみると，株式のバブルや銀行の取り付け騒ぎやファッションのブームなど，一時的に大きな流行現象が起こることがある．これらの現象がどのように生じるかを考察するのが情報カスケードの理論である．情報カスケード（information cascade）とは，自分がもっている私的情報の内容にかかわらず，先行者の意思決定をそのまま模倣する現象をいう．情報カスケードは，不確実な状況下でより良い意思決定を行うために他人の行動を参照した結果として起こる現象であり，合理的か否かを判断せずに集団の雰囲気に流される群衆心理とは異なる．

情報カスケードの理論的な背景は，次のような実験でも確かめられている（Anderson and Holt, 1997 による総説を参照）．実験では，赤いボールが 2 個，白いボールが 1 個入れられた「壺 A」と赤いボールが 1 個，白いボールが 2 個入れられた「壺 B」の二つの壺が用意された．実験参加者たちは壺のなかから一つのボールを取り出してから，“実験に使われたのはどちらの壺なのか”という質問に順番に答えるように求められた．正解した参加者には，報酬が与えられた．

それぞれの決定にあたって，参加者たちは 2 種類の情報を使うことができた．一つ目の情報は，自分が壺のなかから取り出したボールの色である．以下に示すように，ベイズの定理から，赤いボールを引いたなら，実験で壺 A が使われていた確率（$P_r(A|red)$）は 2/3 であるが，逆に壺 B が使われていた確率（$P_r(B|red)$）は 1/3 になると計算できる．自分が引いたボールの色は，他の人に伝えることはできない「私的情報」であった．

$$P_r(A|red)=\frac{\left(\frac{1}{2}\right)P_r(red|A)}{\left(\frac{1}{2}\right)P_r(red|A)+\left(\frac{1}{2}\right)P_r(red|B)}=\frac{\left(\frac{1}{2}\right)\left(\frac{1}{3}\right)}{\left(\frac{1}{2}\right)\left(\frac{2}{3}\right)+\left(\frac{1}{2}\right)\left(\frac{1}{3}\right)}=\frac{2}{3}$$

二つ目の情報は，どちらの壺が使われていたかという前の参加者たち全員の推測結果だった．これは，グループ全体で共有される「社会情報」であった．すなわち，3 番目の参加者は，1 番目と 2 番目の参加者の決定をあらかじめ知らされたうえで，自分の決定を行うことになる．ここで私的情報と社会情報が矛盾すると，自分は何と答えるだろうか．たとえば，前の 2 人の参加者は「壺 A」と答えたのに，自分は壺のなかから白いボールを取り出したらどうか．ベイズの定理によれば，こうした場合，自分が仮にどの色のボールを引いたとしても，前の参加者たちの決定にそのまま同調する方が合理的である状況が生じる．

たとえば，1 番目の人が壺から赤いボールを取り出したとしよう．この際，1 番目の人の合理的な決定は，当然，壺 A である（壺 A が使われている確率 2/3）．2

番目の人は，1番目の人の決定から，1番目の人が壺から赤いボールを取り出したと推測するはずである．もし2番目の人が白いボールを引いたなら，自分の私的情報（「白」）と1番目の決定から推測できる引いたボールについての情報（「赤」）が相殺され，壺Aが実験に使われている確率は再び1/2に戻る．しかし逆に，もし赤いボールを引いたなら，自分の私的情報と他人の決定が一致するので，壺Aと答えるべきである（壺Aが使われている確率4/5）．このような考え方をさらに展開すると，人々がベイズ型の意思決定をしている場合には，3番目の人からは自分がどのボールを引いたかに関係なく先行する人々の決定に従った方が合理的であるという命題が導かれる．実際にほとんどの実験参加者は，こういう状況で自分がもっている私的情報に関心を払わずに，自分より前にくだされた他の人々に従って決定した．

以上のように，個々の人々が合理的に行動していたとしても，マクロ現象として情報カスケードが生まれる可能性がある．情報のカスケードは結果として正しい決定に至る場合もあれば，間違った決定を生み出す場合もある．情報カスケード現象は，個人が判断ミスを減らすためにとる戦略であり，それ自体が悪いとはいえない．問題は，一旦，偶然に情報のカスケードが起きると，いくら正確な私的情報が獲得されたとしても無視されるようになり，個人だけではなく，集団全体が判断の誤りを犯すようになるという点にある．代表的な例として，株式市場や不動産市場におけるバブルの発生などがある．

情報カスケードが抱える誤りの連鎖の問題を解決するにはどのようにしたらよいだろうか．一例として，Hung and Plott（2001）は，個人の答えではなく，グループとして集約された答えが正解だった場合，賞金を与えるように実験のルールを変えた．彼らのモデルによれば，集団意思決定の正確さが問われる場合，人々は情報カスケードの可能性に気づくようになり，他人の判断よりも，自分の私的情報に基づいて，相互に独立の判断をくだすようになるという．実験の結果は，彼らの予測どおり，個人報酬条件より集団報酬条件で，実験参加者は自分の私的情報に基づいて独立に判断を行い，情報カスケードの発生比率も減少した．この結果，参加者の正解率も集団報酬条件で高くなった．こうした検討の結果は，逆説的にも，正確な集団意思決定を行うための鍵は，人々が周りの意見に耳を貸すことなくどれだけ独立に判断できるかにあるという可能性を示唆している．　　　　　　　　　　[金　恵璘]

文　献

Anderson LR, Holt CA：Information cascades in the laboratory. *American Economic Review* **87**(5), 847-862, 1997.

Hung AA, Plott CR：Information cascades：Replication and an extension to majority rule and conformity-rewarding institutions. *American Economic Review* **91**, 1508-1520,

2001.

カスケードは望ましくない結果を引き起こしてしまう．情報カスケードは経済学者を中心に研究されており（Anderson and Holt, 2008），抗議行動，金融市場，テレビ選局など，現実社会における様々な意思決定と関連していることが指摘されている．

b. 適応戦略としての同調

人類学者も，不確実性下の意思決定の際には他者の情報を利用することが得策であることを指摘している．たとえば，山で採集したキノコの毒性について判断しかねる場面を考えてみよう．ここで試行錯誤を通した個人学習は命取りになる．このとき，他人の行動を模倣したり，年長者の意見を求めることで，個人学習にともなうリスクを低減することができるだろう．このように，ある集団において他者を参照する行動は，環境に対する情報が十分ではない，不確実性が高い状況下においては有効な戦略となる．人類学者であるボイドとリチャーソン（Boyd and Richerson, 1985）は数理モデルを用いて，個人が不確実にしか環境情報を獲得できない状況では他者の行動を模倣する行動戦略，とくに集団内に高い頻度で見られる多数派に同調する行動戦略が有効であることを示している．

先にあげた『宇宙戦争』の例では，人々が周囲の他者の情報をあてにして，ありもしない危機から逃げ惑う姿は一見愚かしく見える．しかし，もしこれが本当の脅威だったらどうだろうか．迷っている間に命を失ってしまうかもしれない．この行動が適切かどうかを評価するためには，単に実際に危機が生じたかどうかや，宇宙人がくる可能性の低さを議論するだけではなく，「危機が存在しないのに逃げる」ことにともなうコストと「危機が存在した場合に逃げなかった」ことにともなうコストの双方を考慮する必要がある．

たとえば，1953年6月に米国マサチューセッツ州に竜巻が起きた際には，パニックによる二次被害を恐れたボストン地方気象台が「竜巻」という言葉の使用を避けたために多くの住民たちが逃げ遅れ，被害が拡大した（Perry and Pugh, 1978）．このような場合には，竜巻に関する情報をもっていなくても，竜巻発生に気がついた人々の逃走行動に同調することによって一命を取りとめられるかもしれない．事後的に評価した場合には他者に同調することによって誤った判断をするコストだけが目立つかもしれないが，そうした判断の妥当性は，あらゆる場面を想定した場合に，他者情報を利用する戦略と利用しない戦略のどちらが有効かによって総合的に評価されるべきである．では集団行動の合理性はどのように評価できるのだろうか．

5.7　集団行動の適応的意義

個々のエージェントが社会情報を参照することで得られる集団のパフォーマンスについてどのように評価できるのかを考えるうえで，近年の生物学で用いられているアプローチが有効な示唆を与えてくれる．ジェームズ・スロウィッキー（James Surowiecki）が広めた「集合知（Wisdom of Crowds）」と呼ばれる概念は，情報の集約によって平均的な個体のレベルからは実現できない，高いクオリティの意思決定が生じる現象のことを指し，近年の生物学，とくに行動生態学と呼ばれる分野で注目を集めている（Surowiecki, 2004）．

a.　ミツバチの集団意思決定

ヒトは社会性の高い種ではあるが，群れをつくる習性が最も強い動物というわけではない．こうした点においてのヒトのライバルはミツバチやアリ，シロアリ，ハダカデバネズミなどの真社会性動物であろう．真社会性動物とは，ごく一部の個体だけが繁殖に携わり，他のほとんどが協力して繁殖個体をサポートするという特徴をもつ動物である．真社会性動物は数世代の血縁個体だけで形成されるコロニーをもっており，極端な形の役割分業によって効率的に資源を得られるような全体的しくみを有している．ここでは，ミツバチがどのように集団の意思決定を行っているかを検討した実験を紹介する．

春の終わりごろになると，規模が大きくなりすぎたミツバチは，そのコロニーを分離させることがある．現女王バチは３分の２の働きバチとともに巣を離れて新たなコロニーをつくる．残りの働きバチは若い新たな女王バチとともに古巣にとどまる．巣を離れる群は１万匹ほどの規模をなし，多くの場合木の枝に群がり，数百匹の偵察隊が新たな巣を求めて近隣を探しまわる．偵察隊は巣の候補地を探るために飛んでいき，その後コロニーに戻ってくると８の字ダンスをして発見した候補地を宣伝する．見つけた候補地の質が高いと判断した場合，長く活発にダンスをする．逆に質が低いと判断した場合にはダンスは比較的のろのろとしたも

コラム9　真社会性昆虫の集団意思決定と集合知

動物の群れはしばしば，あたかも群れ全体が一つの意思をもつかのように秩序立ったふるまいを見せることがある．その多くを理解するうえで一つの鍵となるのは，個体どうしの情報伝達の結果生じる，正のフィードバック過程である．たとえばいくつかの真社会性昆虫のワーカーは，好適な餌場を発見すると巣へ戻り，尻振りダンスやフェロモン等のシグナルを用いて，他のワーカーをその餌場へと動員する．すると今度は，動員されたワーカー自身が動員する側（リクルーター）に加わり，さらなる未稼働個体を動員する．これが動員の正のフィードバックを生み出し，結果としてコロニーの採餌努力は好適な餌場へと集中することになる．

しかし，好適と思える選択肢へと集中分布することがいつも良い結果を生むとは限らない．自然環境とはしばしば変動するものである．これまで良かった餌場が枯れてしまったり，昨日まで何もなかった街角にとびきりおいしいラーメン屋がひっそりと開業している，などということは頻繁に起こる．そんな環境変化が生じた際に新しい好適な選択肢へと切り換えができることもまた，意思決定パフォーマンスを高めるためには重要だろう．実はミツバチは，ひとたび特定の餌場へ採餌努力を集中させた後でも，より好適な餌場を見つけたならばそちらへ採餌努力をスイッチすることができる（Seeley et al., 1991）．すなわち，好適な餌場へと集中する能力と同時に，環境変化へ柔軟に対応できる能力も備えているのである．

このコロニーレベルでの柔軟さは，尻振りダンスに対する個体の反応が鍵を握っている．尻振りダンスは巣の入り口付近のダンス場で密集して行われる．その場にいあわせた各個体は，たまたま出合った一つの尻振りダンス情報だけを頼りに，それが指し示す餌場の方角へと巣を出発する（Seeley and Towne, 1992）．裏を返せば，ダンスに出合わなければ動員されず，環境中をランダムに探索することになる．このランダムに探索を行う個体がつねに存在することによって，コロニー内にはつねに最新の環境情報が集められることになり，環境変化にも柔軟に応答できるのである．尻振りダンスによって個体が効率的に良い選択肢へ集まるプロセスと，探索個体がつねに確保されるプロセスとを両方併せもっているのが，ミツバチ集合知の妙だといえる．

一方，自然界を見渡せば，あえて環境変化への柔軟さを捨て，一極集中の能力を特化させた社会性昆虫も存在する．Beckers ら（1990）は，ケアリの一種（*Lasius niger*）のコロニーに2種類の餌場を与える実験を行った．実験では，まず始めに 0.1 M（0.1 mol/L）の薄い濃度のショ糖を含んだ餌場を巣の近くに設置し，実験開始から60分後に，別の場所に1Mを含んだ質の高い餌場を設置するという操作を行った．この60分後に出現する好適な餌場に対してケアリのコロニーは反応せず，いつまでも最初に導入された0.1 Mの低質な餌場へこだわったのである．これは，ケアリがミツバチよりも強くシグナルに反応することが原因であった．ケアリはフェロモンを用いて他個体を動員する．巣から出た個体は，より濃度の高いフェロモンの道へと誘引される．したがって，相対的に濃度の低いフェロモン道や，フェロモンのない方向へ向かう個体はほとんどいない．つまり，たとえ新規環境へと探索に行った個体がいても，すでに確立された濃いフェロモン道を前に，その新規フェロモン道はあえなく無視されてしまう．この動員メカニズムによって環境変化への柔軟さは失われ，ミツバチとは大きく異なる「一極集中」の集団ダイナミクスが生まれているのである．では，これは愚かな「集合愚」的現象なのだろうか．

実はこれもまた集合知かもしれない．一般に動物の意思決定において，「好適と思われる選択肢へ集中すること（i. e., 収穫，exploitation）」と「環境を探索して情報を集めること（i. e., exploration）」とは，トレード・オフ関係になっている．良い選択肢を集中して利用することは重要だが，かといってまったく環境を探索しないようでは，そもそも良い選択肢を発見できないし，環境変化へも対応できなくなる．探索と収穫とをバランスよく行うことが重要である．しかし，どの程度のバランスが最適なのかは様々な生態学的要因に依存するだろう．たとえば，環境変化が頻繁に起こる状況であれば，安定した環境よりも探索頻度を上げたほうが良いだろう．またたとえば，同じ餌資源をめぐって他種と競争している状況では，見つけた餌場へ一極集中してすばやくその餌を消費してしまうのが，競争に有利な戦略かもしれない．ミツバチとケアリとでは大きく異なる集団ダイナミクスが実現させているが，これはそれぞれの生態学的環境のなかで，自然選択が探索－収穫のバランスをチューニングした結果かもしれない．つまりどちらも，それぞれの生きる環境のなかでうまくいく「集合知」を実現させていると考えられる．　**［豊川　航］**

文　献

Beckers R, Deneubourg JL, Goss S, Pasteels JM：Collective decision making through food recruitment. *Insectes Sociaux* **37**, 258–267, 1990.

Seeley TD, Camazine S, Sneyd J：Collective decision-making in honey bees：How colonies choose among nectar sources. *Behav Ecol and Sociobiol* **28**, 277–290, 1991.

Seeley TD, Towne W：Tactics of dance choice in honey bees：Do foragers compare dances? *Behav Ecol Sociobiol* **30**, 59–69, 1992.

のになる．残りのミツバチはそれらのダンスを見て，その候補地に訪れるかどうかを決定する．これらの決定プロセスのなかでは，多くのミツバチが活発なダンスでアピールした候補地ほど新たに探索される傾向が高まる．こうしたプロセスは正のフィードバック・ループをつくりだす．トマス・シーリー（Thomas Seeley）らの研究チームは自然環境下でミツバチの実験を行った．その結果，ミツバチはたいていの場合，この方法で最もよい巣を選択することができることを明らかにした．ミツバチは各個体がすべての候補地を訪れないのにもかかわらず，個別に得た局所的な情報を集約して，質の高い選択をコロニーとして行うのである（Seeley, 2010）．

b. インターネットにおける人間の集合知

ミツバチの巣の探索は，個体としては限定的な認知能力しか持ち合わせていなくても，集団レベルでかしこい選択ができることを示す印象深い例である．また，こうした集合知が特定の中枢機構（女王バチのような）によって目的をもって調整されたものではなく，個体間のローカルな相互作用によって達成されていることは注目すべきポイントである．

このような「個々のエージェントがよりよい決定を行うために私的な情報と同時に公的な情報を利用することができる」という，ミツバチの巣探索の状況と類似した構造は，現代の人間社会のなかにもみてとれる．本や音楽を購入する際の情報探索やホテルやレストランを探す場面といったケースでは，とりうる選択肢の数はあまりに膨大であるのに対し，情報探索に割ける時間は限られている．私たちはよくこうした場面において，Amazon や食べログなどのインターネットのサイトを参照する．これらのインターネットのサイトは，個々人は自分の経験をレポートし，それらのレポートが他の人に参照されるという点でミツバチの巣探しの場面と似た構造をもっている．人々はこうした状況において集合知を生み出すことができるのだろうか．

近年，マシュー・サルガニーク（Matthew Salganik）らの研究チームは「文化市場」を対象とした実験研究によってこうした問題を検討している．文化市場では，ヒットする音楽や本，映画などは平均の何倍も売れていることが知られている．したがって，最もよい選択肢は残りの選択肢とは質的に大きく異なるものであると考えられる．しかし，どの商品が文化市場で成功をおさめるかについての事前予測は専門家でもきわめて困難だという．なぜ予測が難しいのだろうか．

サルガニークらは 14341 名の参加者に事前に何の知識もない曲を自由にダウン

ロードしてもらうという実験を行った．実験には，「社会的影響条件」，「独立条件」の二つがあり，参加者は自分が聴いてみたい曲を試聴することができた．また，社会的影響条件では，試聴機会に加えてこれまでに何回その曲がダウンロードされたかについても知ることができた．この社会的影響条件がミツバチの巣探しの状況と構造的に類似している点に注目してほしい．社会的影響条件でもミツバチの巣探し場面でも，各エージェントは質的にばらつきがある未知のアイテムのなかから選ばなければならないという点，決定をする際に自分で情報を探索するだけでなく他のエージェントの決定を参照することができるという点で共通している．

実験結果は非常に興味深いものであった．第一に，社会的影響条件において，人気のアイテムはいっそう人気が高まるという現象が生じていた．社会的影響条件におけるマーケットシェアと，独立条件におけるマーケットシェアの関係を図 5.2 に示す．もし，人々が他の人が行った決定からなんら影響を受けないのであれば，条件間でマーケットシェアが等しくなるはずである（分布が破線に従うと予測される）．しかし，実際の分布は破線から上に大きく外れていた．つまり，社会的影響条件においては，人々は他者の決定から影響を受け，人気のアイテム

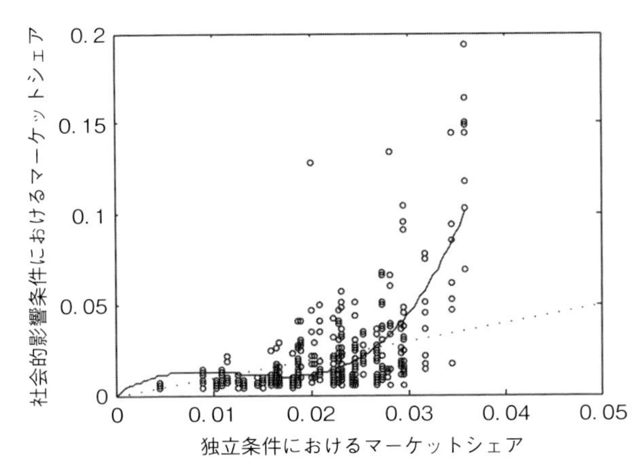

図 5.2　曲の質と文化市場における成功（Salganik et al., 2006）
マーケットシェア：その曲のダウンロード数 / 全曲のダウンロード数．もし条件間でマーケットシェアが等しいならば，分布は破線に従うはずである．しかし，実際の分布は破線を大きく外れており，社会的影響条件では，独立条件で人気のアイテムはいっそう人気が高まり，人気のアイテムと不人気のアイテムの格差が拡大することがわかる．

はいっそう人気が高まり，人気のアイテムと不人気のアイテムの間の格差が拡大していたことが読み取れる（Salganik et al., 2006）．したがって，文化市場においてヒット曲は平均の何倍も成功をおさめるという経験的に知られていた現象が実験においても再現された．

第二に，独立条件において最も有名な曲（ダウンロード回数が最も高かった曲）は，必ずしも社会的影響条件のヒット曲と一致しなかった．もちろん片方の条件で最も人気があった曲がもう一方の条件で全然人気がないということや，片方の条件で最も人気がなかった曲がもう一方の条件で多くの人気を集めるといった極端なケースはないものの，それ以外のほとんどすべてのケースは起こりえた．つまり，社会的影響条件においてどの曲が成功するかは純粋な曲自体の質の違いによって決まるわけではなく初期に行われる人々の決定に依存しやすく，ランダムな変動の影響を受けやすいものであることが示された．これが文化市場において何が成功を収めるかを専門家でさえも予測できない原因である．

c. ミツバチと人間の意思決定の違い

音楽市場における人間行動とミツバチの巣探しにおけるパフォーマンスはどのように比較できるだろうか．もちろん，音楽に対する好みは本来主観的なものであるために，文化市場のアイテムの質の高さについては客観的に定義しがたい（一方，巣の場所の決定については定義できる）．しかし，サルガニークらによる研究で独立条件と社会的影響条件の間で曲の人気度が一致しなかったことから，こうした主観的な好みは変動しやすく安定しないものであり，人間では他者の影響をとりわけ強く受けていることが窺える．ミツバチはつねに最適な巣にたどりつけたのに対し，人間では社会的影響条件で最終的な帰結が集団ごとに異なっていた．こうした違いはどこからくるのだろうか．行動生態学者によるコンピュータ・シミュレーションを用いた理論モデルの研究がこの疑問に対する示唆を提供してくれる．

彼らの理論モデルではこれまでの経験的に得られた観察データに合わせて，「偵察に向かう個体が事前に強く宣伝された候補地により訪れやすくなる」という形で，偵察個体の意思決定が他のミツバチの行動に依存する構造が想定されている．ミツバチがどこの候補地を訪れるかは原則的に多数派に同調して決定される．しかし，同時に，このモデルでは実際に訪問した候補地をどう評価するかについては個体レベルで独立に行われることを想定している．つまり，偵察個体の8の字ダンスの長さは純粋にその候補地に対する好みの強さを表しており，他の個体が行った8の字ダンスには影響を受けないものとして設定されている．すなわち，訪問場所に対する個体の独立した認知のみが反映されたものである．このコンピュータ・シミュレーションの結果は，他個体から影響を受ける部分と独立性を保つ部分がうまく組み合わさることでミツバチが質の高い集団意思決定を達成していることを示唆するものである（List et al., 2009）．

このように，ミツバチは他のミツバチの探索行動には同調するが，実際に訪れた場所の評価は独自に行うという形で，影響を受ける部分と独立性を保つ部分を併せもっている．この同調と独立性のバランスが集団レベルでの高いパフォーマンスの実現を可能にするのである．それに対し，音楽市場の実験における人間の行動をみると，こうした同調と独立の使い分けがあまりなされず，他者の選択に影響を受けすぎてしまっているようにみえる．このように他の群居性の生物と比較してみると人間がきわめて社会的影響を受けやすい種であることが鮮明になる．また，これまでの行動科学における様々な研究の蓄積が，私たち人間がこうした社会的影響性を支える神経・心理・行動基盤をもっていることを物語っている．

5.8　社会的影響性を支える神経・心理・行動基盤

文化市場の研究が示すように，私たちは意識的であれ非意識的であれ，他者の影響を強く受けてしまうため，完全に独立に意思決定を行うことはきわめて難しい．ノーベル経済学賞を受賞したハーバート・サイモン（Herbert Simon）も私たちが社会的チャネルを通じて他者の主張や提案，説得，情報に影響を受ける傾向は人間の選択の基本原理であると論じている（Simon, 1990）．実際，他者と独立ではいられない性質をもつことは社会心理学における古典的な実験から，近年の神経科学の知見に至るまで多方面から繰り返し示されてきた．

a.　古典的実験による例証

ソロモン・アッシュ（Solomon Asch）によって行われた古典的な実験は，他者から受ける社会的影響の強さを鮮明に表している．実験課題はいたって単純で，呈示されたパネルに描かれた線を見て，別のパネルに描かれた3本の線のなかからそれと同じ長さの線を選ぶというものである．3本の線の長さははっきりと異なっているため，通常ならだれもが間違えない簡単な課題である．しかし，人々は集団で課題を行い，かつ自分よりも前に回答する参加者が全員同じく間違った答えをした場合（実験ではサクラを使うことでこうした非現実的な状況を作り出していた），おおよそ3分の1もの被験者（32%）が多数派に同調して間違った回答をしたのである．このことは，被験者が恥をかいてしまったり，他者から白い目で見られてしまったりする潜在的な可能性を恐れて，多数派が行う間違った選択に同調してしまうことを示すものである（Asch, 1956）．

ムザファー・シェリフ（Muzafer Sherif）は，個人的な経験であると考えられている錯覚を用いて，他者から受ける社会的影響の強さを例証した．彼は，自動運動現象と呼ばれる錯視に着目し，集団における社会的影響を測定した．自動運動現象とは，完全な暗室のなかで小さな光を見つめたときに，実際には静止しているにもかかわらず，光点が動いているように見える錯視のことである．実験では，まず被験者が1人で暗室に入り，光点の移動距離を報告した．100試行ほどすると，認知される移動距離は一定の幅に落ちつくことが知られている．このように被験者ごとに判断が収束した後，実験者は判断幅の大きく異なる3名を1組として新たな集団状況をつくった．この集団状況では，互いの判断が聞こえる形で新たに100試行の判断が求められた．試行が進むにつれて，最初大きく異なっていた3名の被験者の判断は，しだいにその集団特有の範囲に収束していくことが見いだされた．つまり，個人的な経験であるはずの錯視でさえも互いの判断が影響を受け合い，集団内で共通の準拠枠が形成されるというわけである．しかもこうして集団内のマイクロな相互作用によってひとたび準拠枠が形成されると，その後集団を解消して再び個別に判断を求められた際にも，その準拠枠に基づいた錯視が生じることが示された（Sherif, 1936）．つまり，集団内における相互作用の結果，集団内で判断が収束するだけでなく，個人にとっての見え方まで持続的に変容したのである．

b. 情動伝染・ミラーリング

社会的影響は私たちが抱く情動についても強く働くことが知られている．だれかの笑顔を見て幸福な気持ちになる，ふさぎこんだ友人といると自分まで悲しい気持ちになる，というようにある人の情動反応が他の人の情動を引き起こすことは日常的によく経験することだろう．こうした現象は情動伝染（emotional contagion）と呼ばれている．

この現象は精神科医や心理カウンセラーの間では古くから知られていた．カウンセラーのなかでもとくに経験の浅いカウンセラーは面接中にクライアントの強い情動にとらわれてしまい，時としてカウンセラー自身まで抑鬱状態になってしまうことがしばしばあるという．エレン・ハットフィールド（Elaine Hatfield）らは情動伝染を自動的で無意識的な原始的現象としてとらえており，次のようなステップで生じると論じている．①情報の受け手が送り手と相互作用をしている際に，送り手の情動表出を知覚する．②それにより受け手は自動的に知覚した情動を彼ら自身の身体状態（表情や姿勢など）に変換する．③このような他者の情動反応を知覚することによって生じた自己の身体状態の変化を介して，受け手は送り手が経験したものと同様の情動を感じるようになる．こうしたプロセスを経て，互いの情動がしだいに似かよってくるという（Hatfield et al., 1994）．

実際に，他者の表情を無意識に模倣する表情模倣（facial mimicry）と呼ばれる現象が実験研究により繰り返し示されており，ハットフィールドが想定するプロセスの妥当性が示されている．写真やビデオなどで人物の感情表情を呈示すると，観察者の表情がそれに応じて変化するという知見が提出されている．さらに，ハットフィールドが主張するように，それは非常に早いタイミングで生じる（多くの場合１秒以内）自動的，反射的なプロセスであることが示されている（Dimberg et al., 2000）．また，表情模倣は非意識的に生じるものであるが，他者の情動状態を推測しようとするモチベーションを高めることで，いっそう生じやすくなることが示されている（図 5.3）．この結果から，情動状態を推測する必要性が高い場合には模倣が生じるが，低い場合には模倣が生じにくいと考えられる（村田・亀田，2010）．確かに，あらゆる場面，あらゆる人物の情動がつねに自動的に伝染していては身がもたないだろう．私たちは，時と場合，対象に応じて自動的に適切な反応を生じさせることができるのだろう．また，自動的な模倣は表情だけでなく，動作や姿勢（Chartrand and Bargh, 1999）などにも見られるもので，人間の発達のごく初期の時点で観察されることが知られている（Meltzoff and Moore, 1977）．

近年の神経科学の発展にともない，こうした自動的な模倣を支える神経メカニズムの存在が明らかにされつつある．第一の候補として，近年の神経科学にお

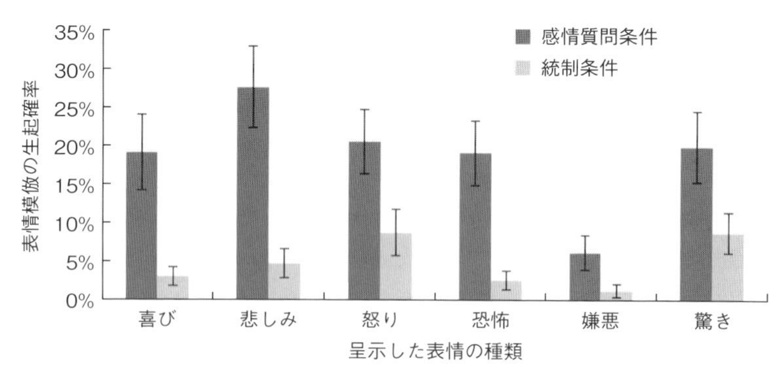

図 5.3　表情模倣と情動推測（村田・亀田，2010）
人物の感情表情の動画を呈示した際の観察者の表情変化を測定した．刺激に用いた表情と同様の表情筋が動いたら模倣としてカウントし，表情模倣の生起確率（模倣した回数/全呈示回数）を算出した．感情質問条件では，「○○さんはどんな気持ちですか？」という質問により，対象人物の情動状態を推測するよう促している．一方，統制条件では，「○○さんはどれくらいの年齢に見えますか？」などの情動状態とは無関係の質問をしている．結果，感情質問条件では，統制条件に比べて表情模倣の生起確率が高かった．ここから，他者の情動状態を推測しようとする動機づけがあるほど，表情模倣が生じやすくなることが示された（表情筋の動きは Facial Action Coding System（FACS；Ekman and Friesen, 1978）と呼ばれる手法で評価した）．

ける最も重要な発見の一つである「ミラーニューロン・システム」の存在があげられる．1996 年にイタリアのパルマ大学のジャコモ・リゾラッティ（Giacomo Rizzolatti）らの研究チームがサルの脳に電極を挿して脳活動を測定していたときのことである．研究者は，サルが物をつかもうとするときに活動していたニューロンが，他のサル（あるいは人間の実験者）が同じタイプの行為を行っているのをただ目にしただけでも活動することを発見した．これは人間の発話やジェスチャーなどを司るブローカ野という脳領域と同じ起源をもつとされる運動前野（F5 野）と呼ばれる領域で確認された（Rizzolatti et al., 1996）．つまり，ある行為をしているときと，同じ行為を他の対象が行っているのを観察しているときの両方で共通して活動するニューロンが存在するのである．このニューロンは観察者に自分自身の動作にかかわるシステムを実装させることで他者の動作を「ミラーリング」することを可能にしていると考えられる．また，議論はあるものの，近年のデータはこうした「ミラーニューロン・システム」が人間にも備わっている可能性を示唆している（図 5.4）（Iacoboni and Dapretto, 2006）．

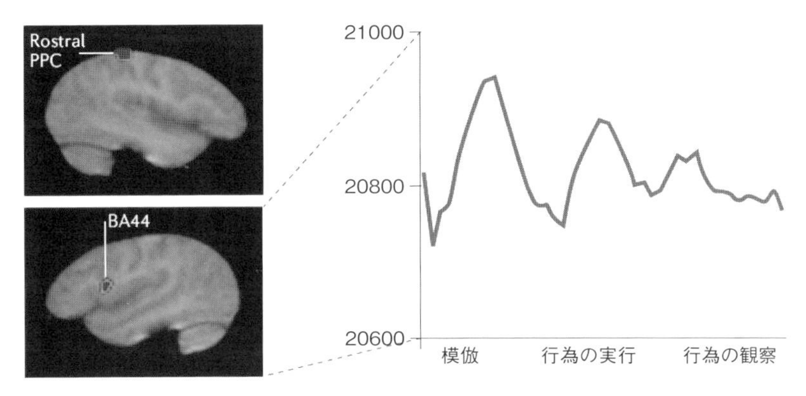

図 5.4　ヒトにおけるミラーニューロン・システム（Iacoboni and Dapretto, 2006）
サルの研究から，ミラーニューロンは他者の把持行為を観察するときよりも，把持行為を実行しているときにいっそう強く活動することが知られている．そのため，観察と実行を合わせた模倣の際に最も活動が高まることが予測される．イアコボーニらはヒトで fMRI（機能的磁気共鳴画像法）を用いた実験を行い，予測と合致した活動パターン（行為の観察＜行為の実行＜模倣）を示す脳領域を特定した．その結果，下前頭葉（inferior frontal cortex）（ブロードマン 44 野，Brodmann's area 44：BA44）と後頭頂葉（posterior parietal cortex：PPC）が予測に合致する活動を示した．この二つの領域は解剖学的にもサルのミラーニューロンが発見された領域と対応する位置にあり，ヒトにおけるミラーニューロン・システムの存在を示唆する．なお右図の縦軸は脳活動量を示す．

さらに，fMRI（機能的磁気共鳴画像法）を用いた研究により，他者の嫌悪や苦痛を共有する神経メカニズムも存在することが指摘されている．ある人物が不快な異臭を嗅いでいる映像を見ている際の被験者の脳活動を調べたところ，自分が同じような不快な経験をしているときと共通の脳領域（左側島前部と右側前部帯状回）が活性化することがわかった（Wicker et al., 2003）．また，苦痛についても，恋人が電気ショックを与えられる場面で活動する脳領域は自分が電気ショックを受ける際に活動する脳領域と共通していることが示されている（Singer et al., 2004）．つまり，ある人が嫌悪や痛みといった情動を感じているときに，それを見ている人まで同様の情動を感じているような脳活動が生じるのである．このことは，ミラーニューロンと同様に，観察者に自分自身の情動にかかわるシステムを実装させることで他者と情動を共有することを可能にする神経メカニズムが存在していることを示唆している．このように心理学，行動科学，神経科学の知見から，非意識的に他者の動作や情動をなぞること（＝ミラーリング）は人間の基

コラム10　強化学習

強化学習とは，入力（状態と呼ぶ）に対する適切な出力（行動と呼ぶ）を報酬から学習する，機械学習の一分野である．強化学習を行う実体はエージェントと呼ばれ，受け取る報酬の累積が最大となるように，行動選択確率を調整する．ある行動をとったときに受け取ると予測される報酬の期待値，すなわち報酬予測を行動価値という．エージェントは行動価値に基づいて行動選択確率を決定する．強化学習における基本的な行動価値の学習方法はQ学習と呼ばれ，行動 a の行動価値 $Q(a)$ を以下の式に従って直接に学習する．

$$Q(a)^{new}=Q(a)^{old}+\alpha(r-Q(a)^{old})$$

α は学習率と呼ばれ，学習の速さを調節する．r は報酬，$r-Q(a)^{old}$ は報酬予測誤差と呼ばれる．強化学習の本質は報酬予測誤差を小さくして報酬予測を上げることである．

神経科学の分野において，ドーパミンニューロンが報酬予測を符号化していると見られる活動が1997年に報告された（Schultz et al., 1997）．ドーパミンニューロンが報酬に反応することは当時でも知られていたが，著者らは，条件付け学習が進むと，ドーパミンニューロンが条件付けの刺激に反応するようになり，報酬には反応しなくなることを示した．この研究を契機のひとつとして，強化学習が脳内でどのように行われるかが詳しく調べられ，とくに，大脳基底核が強化学習に重要な役割を果たすことが明らかにされてきた．報酬予測誤差が腹側線条体の活動に符号化されることがヒトの研究において明らかにされ（O'Doherty et al., 2003），ヒトを含む多くの種で，強化学習が実際に脳内で行われており，学習の基礎となっていると考えられている．

試行を終えるのに数ステップの行動が必要な課題では，いくつかの状態を経て報酬を得ることになる．この場合，ある状態においてある行動をとったときの，遷移する状態や得られる報酬を学習して，行動の決定に利用することができる．確率で表現された状態の遷移を課題環境のモデルと呼ぶ．強化学習の特長は，モデルがなくても行動の学習が可能なところである（モデルフリー強化学習）が，強化学習にモデルを組み込むことで，学習関連の行動や脳神経活動の説明能力が向上する（モデルベース強化学習）．たとえば，動物の採餌行動における環境のモデルや他人の心の状態のモデルを強化学習と組み合わせて，行動と神経基盤を探る研究が進められている．強化学習はその一般性の高さから，他の手法と組み合わせることが比較的容易にできるため，さらに適用範囲が広がっていくだろう．　　　　　　　　［小川昭利］

文　献

O'Doherty JP, Dayan P, Friston K, Critchley H, Dolan RJ：Temporal difference models and reward-related learning in the human brain. *Neuron* **38**, 329-337, 2003.

Schultz W, Dayan P, Montague PR：A neural substrate of prediction and reward. *Science* **275**, 1593-1599, 1997.

本的な行為の一つであることが示唆されている.

c.　多数派同調を支える神経メカニズム

これまで触れてきた他者の動作や情動をなぞるという方法のほかにも，他者に近い行動をとりやすくさせるようなプロセスが存在するようである．近年の神経科学の実験研究から，自分の行動が一般的な他者とは異なっていることを認識した際にそうした行動を修正するような神経メカニズムが備わっていることが示唆されている．また，それには間違いを犯した際に修正するという学習のメカニズムと共通の神経回路がかかわっていることがわかってきた.

神経科学や計算論から提唱される理論モデルでは，なんらかの目標をもった行動を行う際には自分のパフォーマンスを随時モニタリングすることが重要であるとされている（Montague et al., 2006）．そうしてエラーを検知することで，自分の行動に修正を加えることができ，結果として目標の到達に近づくわけである．近年，こうした強化学習と呼ばれるプロセスが，他者への同調行動の背景にも働いていることが示されている.

クルチャレフ（Vasily Klucharev）らは，強化学習のモデルで想定される「予測誤差（prediction error)」(予測していたものと得られた結果の間で生じた誤差）に着目し，集団において多数派に同調する傾向も，多数派の判断と自分の判断の間の誤差を修正する形で生じるものであると考えた．もしそうであるならば，自分の判断が多数派の行動から逸脱していることを知ったときに，その逸脱を解消しようとするメカニズムは強化学習の際に働くメカニズムと同じものであるだろう．彼らはこの仮説を検証するため，女性の被験者に何人かの女性の顔の魅力度を評定する課題を行ってもらい，fMRI を用いてその間の脳活動を計測した．結果は図 5.5 に示すように，被験者の評定が「一般的なヨーロッパ人」の評定とずれているときには強化学習の予測誤差に関連して活動する吻側帯状回（rostral cingulate zone）が活動し，また同時に，強化学習で予測した報酬が得られたと

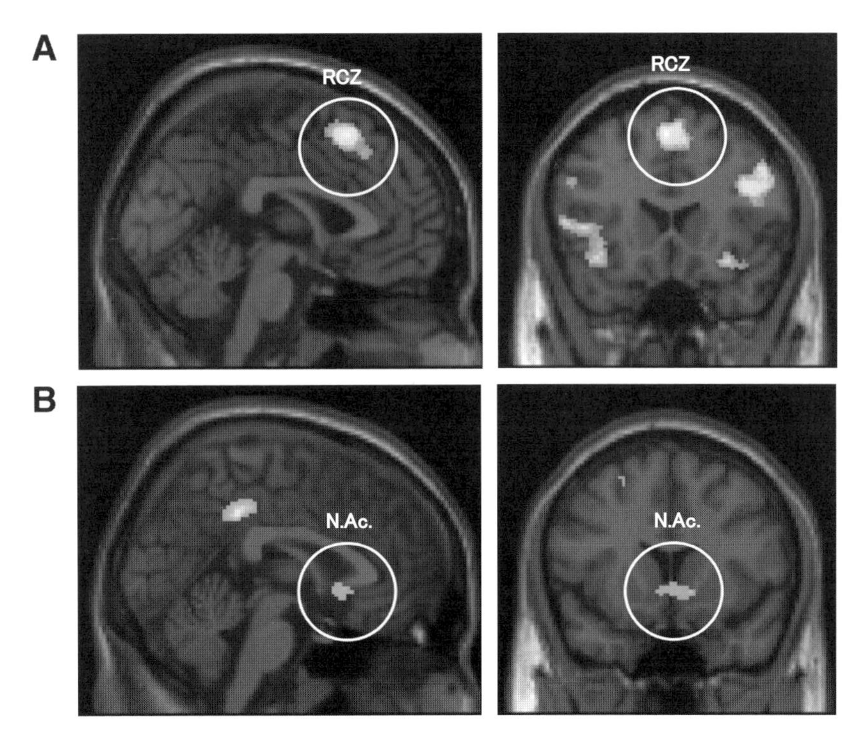

図 5.5　他者の評定と相違があるときの脳活動（Klucharev et al., 2009）［カラー口絵参照］
一般的な人々の評定値との間に相違があるときに活動が増幅する脳部位（A）と活動が減衰する脳部位（B）を示す．吻側帯状回（cingulate zone：RCZrostral）の賦活（A）および線条体の側坐核（nucleus accumbens：N. Ac.）の活動の減衰（B）が確認できる．吻側帯状回は強化学習において予測誤差が生じた際に活動する部位であり，側坐核は予測した報酬が得られたときに活動する部位である．ここから，自己の判断が多数派の判断から逸脱していることを知覚することによって，強化学習における予測誤差の検知と同様の脳活動が生じることが示された．

きに活動する線条体の側坐核（striatum, nucleus accumbens）の活動が減衰した（Klucharev et al., 2009）．したがって，自分の判断が一般的他者のものから逸脱していることを知覚した際，強化学習における予測誤差の検知と同様の神経メカニズムが働いていることが示唆された．さらに，課題中に側坐核の活動の減衰が大きかった，すなわち，予測誤差に対する神経活動が顕著だった被験者ほど，他者に同調する形で自分の判断を修正しやすかった．どうやら，個人の判断が相互作用のなかで一般的な判断へ収束される過程は，強化学習という基本的なメカニズムによって支えられているようである．いいかえれば，集団内の共通の行動・

判断基準，すなわち規範は，個人内の強化学習のメカニズムを経て創発し，維持・強化されているともいえるだろう．

d.　社会規範，相手の行動予測

もちろん，人々の意思決定はこうした暗黙の規範だけでなく，「盗みをしてはいけない」，「汝の隣人を助けよ」といったすでに社会に広く共有された「～すべきである」という社会規範にも影響を受ける．近年，潜在的な他者の目の存在がこうした規範的な意思決定を促進するという興味深い知見が提出されている．ここからも，人がいかに社会情報に対して高い感受性をもっているかが窺える．

ケヴィン・ヘイリー（Kevin Haley）とダニエル・フェスラー（Daniel Fessler）は，目の前に参照できる他者がいなかったとしても，他者の存在を感じるだけで「規範的」であるとみなされている行動が促進されることを示した．彼らは次のような実験を行った．被験者はグループで参加するが，互いに顔を合わせることはなく，完全な匿名状況で特定の被験者とペアを組み，独裁者ゲームと呼ばれる経済ゲームを行う．独裁者ゲームとは，「独裁者」役となった片方のプレーヤーだけがお金をもらい，そのうちいくらをもう片方のプレーヤーに分配するかを決定するというものである．この実験では，ゲームは1回かぎり行われ，「独裁者」役のプレーヤーはまず10ドルを受け取り，そのうちのいくらをもう一方のプレーヤーに渡すかを0ドルから10ドルのレンジで決定した．その際に，被験者には知らされていない条件が用意されており，統制条件では通常のコンピュータ画面で課題を行うが，「目あり」条件では図5.6に示すような目に似た絵が映されて

図5.6　「目あり」条件で用いられた絵
（Haley and Fessler, 2005）
「目あり」条件では，コンピュータ画面の壁紙として，図のような目が表示されていた．

いるコンピュータ画面で課題を行うようになっている．実験の結果，「独裁者」役のプレーヤーは「目あり」条件において統制条件よりも多くを提供したことから，ただ画面に目があるだけで他者への分配金額が増加したことが示された (Haley and Fessler, 2005)．なお，被験者たちは課題中にこの画面の「目」の存在を気にしていなかった．すなわち，人々は暗黙のうちに「だれかに見られている」だけで一般に規範的であると考えられる行動（この場合は相手へ多く分配すること）をとりやすくなるのである．

これまで述べてきたように，人間には様々な形で他者から影響を受ける認知メカニズムが備わっている．こうした私たちがもつ心の特性は実際に社会現象に目に見えるような影響を与えているだろう．前述の肥満の伝染の例では，ある人は自分の配偶者や友人がたくさん食べる様子を見て，それがあたかも「標準」であるかのように感じ，より多く食べるような決定をしているのかもしれない．またその人が実際により多く食べることによって，それを見た他のだれかに対しても「もっと食べてもいいだろう」という規範的な基準を与えうるのである．このように人々の行為は他者への波及効果をもちうるものであり，社会全体に行為が循環的に蔓延していくのである．

おわりに

従来のル・ボンやブルーマーの古典的パースペクティブでは，集合行動は「不合理」なものとしてとらえられ，おもにそれをどうすれば予防できるかという点に多くの関心が寄せられてきた．しかしながら，従来想定されてきたような集団における「異常」な行動はきわめてまれにしか生じないことが指摘されている．さらに，本章であげた多くの研究によって，集合行動の背景には，野蛮で暴力性のある不合理な思考ではなく，生態学的に「合理的」であったために獲得されてきた認知メカニズムが実装されていることが示されている．では，集合行動が必ずしも「不合理」ではないとしたら，どこまで「合理的」であるといえるのだろうか．ミツバチの集団における意思決定と比較すると，人間は他者からの影響を受けやすく，独立性を保ちにくいため，結果として集団のパフォーマンスが安定しないことが明らかになった．したがって，集団のパフォーマンスという観点から見れば，集合行動がつねに最適な形で行われているとはいいきれないのである．

この問題を検討するためには，私たちがもっている認知メカニズムが形成された適応環境と現代社会の間の乖離について考慮する必要があるだろう．

自然淘汰は途方もなく長い年月をかけて生物の形質を変化させてきた．つまり，現在私たちがもっている様々な特性は，はるか昔の野生環境に適応するように形づくられてきたものである．したがって，近隣の他者を暗黙のうちに参照して行動を変容させる特性も，自分がおかれた環境に対してすばやく順応するために役立つなど，生存を有利にするようななんらかの機能をもっているに違いないが，それは必ずしも現代社会においても適応的な特性であるとは限らない．とくに，インターネットを介して膨大な規模で瞬時に情報が行き来する現代社会は，適応環境との乖離がいっそう顕著である．参照する他者は膨大な数になり，社会的影響が伝播する範囲はきわめて広く，速度も早い．こうした社会においては，サルガニークらの文化市場の研究が示すように，大多数の人の決定は，初期に行われた人々の決定におけるランダムな偏りの影響を強く受けてしまい，時として最適な解にたどりつくことが困難になるだろう．

本章で取り上げたように，従来社会科学や社会心理学で扱われてきた集合行動というトピックは，近年の生物学における「群れ行動」の知見をもとに新たなパースペクティブからとらえ直すことができる．同質の課題構造をもつ，生物の群れ行動と人間の集団行動とを比較することによって，人間の集団行動の特性や機能をより深く理解することが可能になると考えられる．しかし，集合行動をめぐる社会科学と生物学の議論は，これまでそれぞれの分野で独立に研究が行われてきたために，言語やロジックのレベルで乖離があり，互いの知識を十分に活用できていないことが指摘されている（Conradt and List, 2009）．本章では，私たちのもっている認知メカニズムがいかなる状況で合理性をもっているのかを探るうえで生物学的視点が有用であることを示した．また，近年の神経科学の急速な発展にともない，認知メカニズムの特性が明らかになりつつある．今後，これらの分野を超えた研究を結びつける試みが，集合行動の理論の発展には必要不可欠であろう（Kameda et al., 2012）．そして，将来的に，集合行動がどのような要因によって，どのような形で生じるかを予測することができれば，適切な形で集団や組織全体のパフォーマンスを高めるような制度の設計に貢献できるのではないだろうか．

［村田藍子・亀田達也］

文　献

Anderson LR, Holt CA：The Handbook of Experimental Economics Results (Plott CR, Smith VL eds), North Holland, pp. 335–343, 2008.

Asch SE：*Psychol Monogr* **70**(9), 1–70, 1956.

Bikhchandani S et al：*J Polit Econ* **100**, 992–1026, 1992.

Boyd R, Richerson PJ：Culture and the Evolutionary Process, University of Chicago Press, 1985.

Chartrand TL, Bargh JA：*J Pers Soc Psychol* **76**(6), 893, 1999.

Christakis NA, Fowler JH：*N Engl J Med* **357**, 370–379, 2007.

Conradt L, List C：*Trans R Soc Lond B Biol Sci* **364**(1518), 719–742, 2009.

Dimberg U et al：*Psychol Sci* **11**(1), 86–89, 2000.

Dunbar RI：*Brain* **10**(9), 178–190, 1998.

Fowler JH, Christakis NA：*BMJ* **337**, 2338, 2008.

Fritz CE, Marks ES：*J Social Issues* **10**(3), 26–41, 1954.

Glaeser EL et al：*Q J Econ* **111**(2), 507–548, 1996.

Haley KJ, Fessler DM：*Evol Hum Behav* **26**(3), 245–256, 2005.

Hatfield E et al：Emotional Contagion, Cambridge University Press, 1994.

Humphrey NK：Machiavellian Intelligence Social Expertise and the Evolution of Intellect in Monkeys, Apes, Humans (Byrne R, Whiten A eds), Oxford University Press, 1988.（藤田和生ほか訳：マキャベリ的知性と心の理論の進化論，ナカニシヤ出版，pp. 12–28，2004）

Iacoboni M, Dapretto M：*Nat Rev Neurosci* **7**(12), 942–951, 2006.

Kameda T et al：*GPIR* **15**(5), 673–689, 2012.

Klucharev V et al：*Neuron* **61**(1), 140–151, 2009.

Le Bon G：La psychologie des foules, 1895.（櫻井成夫訳：群衆心理，講談社学術文庫，1993）

List C et al：*Philos Trans R Soc Lond B Biol Sci* **364**, 755–762, 2009.

Meltzoff AN, Moore MK：*Science* **198**, 75–78, 1977.

Montague P et al：*Annu Rev Neurosci* **29**, 417–448, 2006.

村田藍子，亀田達也：日本社会心理学会第 51 回大会発表論文集，482–483，2010.

Noelle-Neumann E：The Spiral of Silence：Public Opinion – Our Social Skin, University of Chicago Press, 1993.（池田謙一，安野智子訳：沈黙の螺旋理論：世論形成過程の社会心理学，ブレーン出版，1997）

Perry Jr JB, Pugh MD：Collective Behavior：Response to Social Stress, West Publishing Company, St. Paul, 1978.（三上俊治訳：集合行動論，東京創元社，1983）

Rizzolatti G et al：*Cogn Brain Res* **3**, 131–141, 1996.

Salganik MJ et al：*Science* **311**, 854–856, 2006.

Seeley TD：Honeybee Democracy, Princeton University Press, 2010.（片岡夏実訳：ミツバチの会議：なぜつねに最良の意思決定ができるのか，築地書館，2013）

Sherif M：The Psychology of Social Norms, Harper Collins, 1936.

Simon HA：*Science* **21**, 1665–1668, 1990.

Singer T et al：*Science* **303**(5661), 1157–1162, 2004.

Surowiecki J：The Wisdom of Crowds：Why the Many are Smarter than the Few and How Collective Wisdom Shapes Business, Economies, Societies and Nations, Doubleday, 2004.

（小高尚子訳：「みんなの意見」は案外正しい，角川書店，2006）
Wicker B et al：*Neuron* **40**(3), 655-664, 2003.

意思決定に及ぼす情動の影響
―前頭連合野眼窩部の機能を中心に―

6.1　はじめに：意思決定の方向を決める要因

われわれがなんらかの意思決定行動をとらなければならないとき，意思決定の方向を決める要因がいくつかある．その一つとして，意思決定によって得られる結果に対する評価がある．いくつかの選択肢のなかからある選択をしたときにどのような結果が得られるか，あるいは，どの程度の有益な結果が得られるかを，過去の経験をもとに論理的に評価し，一番評価の高い選択肢を選択する方法である．過去に経験した様々な選択で得られた結果を評価し，今の環境や文脈で最も適した選択肢を選択する．そして，その選択で得られた結果が，期待どおりの好ましいものであれば評価を高め，期待に反して好ましくないものであれば評価を下げる．

このような意思決定メカニズムを説明する有名なモデルとして，強化学習モデルが存在する（Sutton and Barto, 1998）．強化学習モデルでは，ある選択に付随する評価は，その選択によって得られると期待される報酬と実際に得られる報酬との差の大きさに依存して更新されていく，と説明する．たとえば，有名な歌手のコンサートに期待に胸ふくらませて行き，期待どおりのすばらしいコンサートだと，次のコンサートにもぜひ行こうと決心する．しかし，期待はずれだと，次のコンサートには行かないと考えることになる．選択により期待どおりの結果が得られると，選択に付随する評価はそのまま維持され，結果が期待以上であれば評価は高まる．そして，類似した場面での意思決定では，評価の高い選択肢が選択される確率が高くなる．しかし，期待はずれの結果におわると評価は低下し，この選択肢を選択する確率は低下する．このように，選択による結果が期待どおりであったかどうか，あるいは，好ましいものであったかどうかにより，選択に付随する評価情報が維持あるいは更新され，その情報が次の選択に影響することになる．つまり，意思決定が必要な場面に遭遇したときには，過去に得られている各選択肢に付随する評価情報をもとに，今の状況で最も評価の高い選択肢を論理的な判断により選択する方法がとられることになる．

しかしながら，どの選択肢をとるかの意思決定は，選択によって得られると期待される結果の評価によるばかりではない．その選択にどれだけのコスト（対価）が必要か，そして，コストに見合った報酬を獲得できるかにも依存する（Rudebeck et al., 2006）．たとえば，「1000円か10000円か，どちらが今ほしいか」と問われれば，即座に10000円の選択をする人がほとんどだろう．選択によって得られる結果の評価は，1000円よりも10000円の方が圧倒的に高いので，そのような選択になる．しかし，「1000円か10000円か，どちらかをあげよう．今ほしいと宣言したら1000円あげよう．しかし，1週間後でいいと宣言したら10000円あげる．さあ，どうする」と問われたらどうなるだろうか．今ほしいと言って1000円を得るか．それとも，1週間待って10000円を得るか．どちらの選択をするだろうか．選択によって得られる金額で考えると10000円が断然有利であるが，その金額を獲得するためには，1週間待つというコストを払わなければならない．同時に，待っている間に起こるかもしれないリスクを考慮に入れなければならない．1週間待つというコストを払いたくなければ，1000円という小額で満足しなければならない．

このような場合，動物でも人でも，期待される結果の評価とその結果を得るためのコストを天秤にかけ，選択肢を決定することが知られている．たとえば，鳥が，ある餌場まで餌を取りに行く場合，餌場まで飛んで行くと，短時間で餌が獲得できるが，多くのエネルギーを必要とする．一方，餌場まで歩いて行くと，行くのに時間がかかるが，必要なエネルギーは少なくてすむ．そこで鳥は，空腹の程度，かかる時間やエネルギー，得られる餌をそのつど評価して，どの行動の選択肢をとるかを決定しているという（Bautista et al., 2001）．このように，意思決定により得られると期待される結果の評価のみではなく，その決定によって生じるコストの大きさも，意思決定の方向を左右する．

さらに，最近の研究では，リスク条件下での意思決定（decision-making under risk）とあいまい条件下での意思決定（decision-making under ambiguity）の区別がされている（Rogers et al., 1999a, b）．たとえば，宝くじの場合，各等級の賞金額やその当選確率，そして当選かどうかを決定するルールは明示されているから，どのようなストラテジーで宝くじを何枚購入すれば当たる確率が高くなるかを，購入者は論理的に考えて行動することができる．このような場面では，選択によるリスクを論理的に考察して，どのような選択肢をとるかを決定することができることから，リスク条件下での意思決定と考えられる．一方，株の売買の場合，国内外の短期的な景気動向により株価全体が大きく変動することがあり，また，ある会社の経営状況も，消費者の購買動向，他の会社との関係など，様々な要因により，全体の景気動向とは無関係に変動する．そのため，株価が今後上昇するか，下降するかを予見するのは難しく，したがって，株の購入にいくらの金額を費やすかの決定は難しい．ある会社の株を購入したとしても，その後得をするか損をするのかの予想も難しい．確かな情報のない条件で行う意思決定となることから，このような場合は，あいまい条件下での意思決定ということになる．

このように，われわれが行う意思決定を左右する要因には，いくつかの種類があるようである．今まで見てきた意思決定では，選択のために利用できる情報の種類や量や確かさが異なるものの，これらの情報を用いた論理的な推論により意思決定ができるものであった．しかし，たまたま訪れたショッピングモールで，偶然見かけたかわいい食器を購入してしまったとか，電車の向かいの席にいた人たちのスイス旅行の話を聞いて，夏休みの旅行先はスイスもいいなあと思うといった，論理的ではない，衝動的な意思決定をすることがある．あるいは，同じような食器が並んでいるなかで，ある食器を取り上げて購入することもある．その食器を選択した理由を友人に問われても，ただ好ましく思ったからとか，他のものは好きでなかったのでこれを選んだとか，好ましい・好ましくないといった感情が意思決定に影響を与えることがある．口論のあげく，そのときの感情にまかせて決断をし，あとで後悔する，といったこともしばしば経験する．このように，われわれがふだん行う意思決定には，様々な情報を利用した論理的な推論が重要な役割を演じているが，同時に，そのときに生じた感情も意思決定の方向に大きな影響を与えることがわかる．意思決定をするときの感情も，その方向を決定する重要な要因となっている．

われわれの意思決定が感情によって影響されるような場面で，前頭連合野の一部分である前頭連合野眼窩部（前頭連合野腹内側部とも呼ばれるが，本論では眼窩部を使用する）が重要な役割を演じていることが明らかにされてきている．ここでは，前頭連合野眼窩部が意思決定にどのようにかかわっているのかを，ダマシオらが提唱するソマティック・マーカー仮説（Damasio, 1996；Bechara et al., 2000；Bechara and Damasio, 2005）を中心に，具体的な例をもとに考えてみることにする．

6.2　前頭連合野眼窩部（前頭連合野腹内側部）の働き

前頭連合野は外側部，内側部，腹側部の三つの部分に大きく分けられる．外側部は，頭頂連合野，側頭連合野，後頭連合野と密接な線維連絡をもち，思考，判断，意思決定などのいわゆる高次認知機能にかかわる領域で，頭頂・側頭連合野とともに，高次連合野に分類されている（Mesulam, 2000）（図 6.1）．一方，内

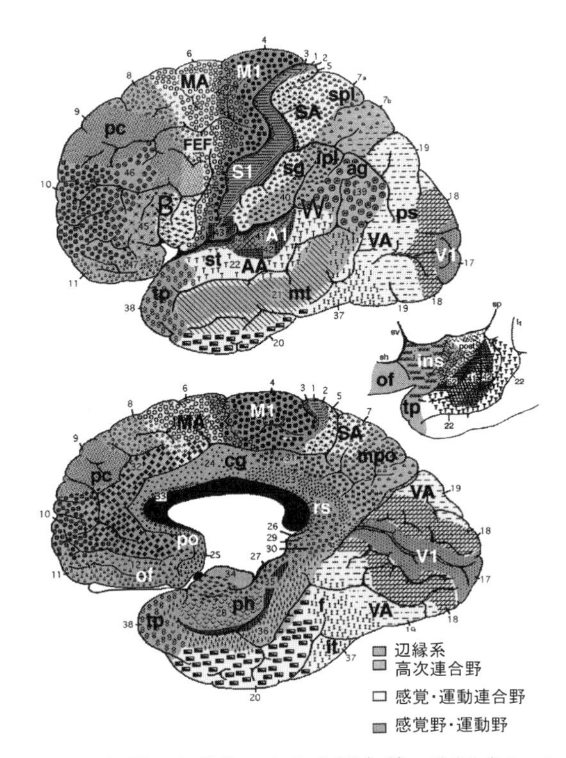

図 6.1　Mesulam が行った機能による大脳皮質の分類（Mesulam, 2000）［カラー口絵参照］

彼は機能の違いにより大脳皮質を四つの領域に分類した．前頭連合野は，外側部を中心とした高次連合野と，内側部，腹側部（眼窩部）を中心とした辺縁系に大別される．上図は大脳皮質の外側面を，下図は内側面を示している．

側部は帯状回と，また，腹側部は前頭連合野腹内側部や前頭連合野眼窩部と称され，扁桃体などとともに，情動や動機づけにかかわる辺縁系に属する領域に分類されている（Masulam, 2000）．

前頭連合野眼窩部に損傷のある人では，一般的な知識，ランダムな数列の順唱や逆唱，暗算，推論，非言語的な問題解決，記憶，会話や言語，視空間知覚，学習成績など，神経心理学的検査で評価できる知的な能力，認知的な能力に関してはとくに障害は見いだされていない．前頭連合野眼窩部の損傷により，感覚・知覚機能や運動機能はもちろん，言語機能や記憶機能などの基本的な認知機能，一般的な神経心理学的な測定法で計測が可能な知能，今までに獲得した知識の保持や，新たな知識の獲得にはとくに問題はないことが知られている（Damasio, 1996；Bechara et al., 2000）．

一方，前頭連合野眼窩部に損傷のある人では，情動や動機付けに関する問題行動として，自己の感情の適切な表出や他者の表す感情の認知ができないこと，記憶と感情の乖離が生じること，などが報告されている（Stuss and Benson, 1986）．これらに加えて，複数の手続きを計画して実行しなければならない課題，偶発的なできごとを利用して柔軟に行動しなければならない課題，社会的な矛盾を論理的に考える課題，社会的な場面で適切な反応をしなければならない課題などでも障害が観察されている．また，ウィスコンシンカード分類課題やハノイの塔課題のような，経験や結果の繰り返しにより規則や方略の学習が必要な課題の実行においても，障害が観察されている．さらに，社会的な倫理の理解にも障害が観察されている（Damasio, 1996；Bechara et al., 2000）．

実験室や診察室で行われる様々な神経心理学的な検査の結果は，健常な人の結果と大きく異なることはなく，一見健常な人と同じように見えるけれど，社会生活面では様々な問題を起こし，不利益をたびたび被ることが報告されている（Damasio, 1996；Bechara et al., 2000）．前頭連合野眼窩部の損傷により，社会生活面でどのような変化が生じるのか，社会生活上でどのような問題を生じ，どのような不利益を被るのか，このような問題と意思決定の間にはどのような関係があるのか，さらに，情動はこれにどのようにかかわるのかを，具体的な例とともに考えてみよう．

6.3 EVRの場合

前頭連合野眼窩部に損傷をもつ人の例として，Eslinger and Damasio (1985) が報告しているEVRというイニシャルの人がよく知られている．EVRは，大学を卒業したあと，25歳である建築関係の会社に就職し，経理関係の仕事につく．29歳で経理の主任になり，32歳でその会社の経理部長（comptroller）に就任した．しかし，35歳になったとき，前頭連合野眼窩部に大きな髄膜腫が見つかり，その除去手術をうけた結果,前頭連合野眼窩部に大きな損傷をもつことになった．手術前のEVRは，会社では有能な経理部長であり，家庭では，家族のなかの模範的な人物として姉や弟から尊敬されていた．社会的にも家庭内でも問題を起こすような人物ではなかった．

しかし手術後は，様々な問題を起こすようになった．手術から回復したのち，建築関係の会社で再び経理の仕事につくが，まもなく，家族や友人の反対にもかかわらず，その会社を解雇された評判の悪い人物と一緒に新たな事業を始め，その事業に財産のすべてをつぎ込んでしまう．しかし事業は失敗に終わり，自己破産する．その後いくつかの仕事につくものの，彼の態度や気性や仕事に必要な技能には問題がないが，仕事が緩慢で手際がよくないといった理由ですぐに解雇されてしまう．たとえば，ある目的の作業を依頼しても，その作業の一部の仕事に注意や興味が向いてしまうと，その仕事に集中してしまい，肝心の作業を最後まで遂行できないとか，ある作業を中断して別のことを始めなければならないような場合，目標を見失ったような行動をとったり，興味のあることにのみ目を向ける行動をとったという．自分自身の時間の管理ができず，周囲の人間が期待しても，彼が期待したような行動をとってくれる保証はなかった．このような行動が原因で，17年間一緒に生活した妻とも離婚することになってしまう．

社会生活において様々な問題を起こしていたにもかかわらず，手術から2年後に行われた知能検査をふくむ様々な神経心理学的な検査結果は，いずれも正常の範囲内にあり，手術の結果生じた脳の損傷によると思われる障害はとくに認められなかった．手術から6年後に再び知能検査を含む様々な神経心理学的な検査が行われたが，いずれも正常か正常以上の好成績を示した．認知機能面でとくに問題がないことは，EVRの国内外の政治や経済に関する正確な知識や論理的な判断などに表れていた．その結果，医学的には，腫瘍摘出にともなう前頭連合野を含む脳部位の損傷の影響は認められない，彼の社会生活上の問題は神経学上の障害によるものではない，と結論された．

しかし，社会生活上の問題はその後も続き，仕事につくがまもなく解雇される，を繰り返す．友人の反対を押し切って再婚するが，しばらくして離婚する．また，こだわりが強く，たとえば食事のたびに，座席配置，メニュー，雰囲気，経営状況などをレストランに問い合わせて判断するため，どこのレストランで食事をするかの選択ができず，その決定に1時間以上を費やしてしまう．あるいは，期限切れの物品や使えない物品への強い執着を示し，枯れた花，古い電話帳，壊れた扇風機やテレビ，空のジュース缶，たくさんの古新聞などを収集し，捨てるのを拒否するという行動を示した．

EVRが社会生活面で起こした様々な問題行動の原因を，ダマシオは『生存する脳』のなかで，EVRの意思決定にあると指摘している．様々な神経心理学的検査の成績が示しているように，EVRは愚かでも無知でもないのに，まるでそうであるかのように行動することであり，自分の決断によって生じた悲惨な結果に直面しても，その過ちから学ぶことがないことである．同時に，数時間先，数日先，あるいは，数カ月先の計画を立てる能力も損なわれてしまった結果，自分にとって将来有利に運ぶような決断を引き出すことができなくなってしまった，と指摘している．また同時に，EVRの感情のなさを指摘している．自身が経験した様々な悲劇を，その重大さにそぐわない態度や表情で話す．その描写には悲しみや苦しみの様子はなく，無感情な傍観者のそれのようであったという．

6.4　前頭連合野眼窩部の損傷と意思決定

EVRの場合は，成人になってからの腫瘍の摘出により，前頭連合野眼窩部に損傷をもった例である．Anderson et al.（1999）は，乳幼児期に事故や腫瘍の摘出で前頭連合野眼窩部に損傷を負った2人の例を報告している．

20歳の女性Aは，生後15カ月目に車にひかれる事故にあった．事故後数日で全快し，その後行動上の問題はとくに認められなかったが，3歳になって懲罰に対して無反応であることが認められた．その後しだいにいろいろな問題行動を家庭や学校で起こすようになる．担任教員は，彼女は知的で学習についていけると考えて指導していたが，教員に指示されたことがいつもできなかった．その後，家族や友人から物を盗む，万引きを繰り返して何度も逮捕される，言葉や行為で他人をいじめる，頻繁にうそをつく，家出をする，入っていた施設から逃げ出すなど，学校や家庭や社会で問題行動が続いた．そして，不注意な性行為により18歳で妊娠する．何度も身体的な問題行動や経済的な問題行動を繰り返し起こした後，両親のもとで生活することになる．将来の計画を立てることはなく，職についても長続きしない．感情の変化が大きく，その場の雰囲気に合わない行動が多かったが，表面的には大きな問題を起こすことはなかった．彼女自身の間違った行動に対して罪の意識や自責の念を示すことはなく，自身の悪事や社会上の問題の原因を他人のせいにしたという．

一方，Anderson et al.（1999）が報告している23歳の男性Bは，生後3カ月目に右側前頭連合野に腫瘍が見つかり，摘出手術を受けた．手術後は順調に回復し，腫瘍も再発することはなかった．小学校に入学後，新しい環境に慣れるのが難しい，他の児童とのコミュニケーションがうまくできない，一つの課題を行わせるために何度も指示をしないといけない，などの問題をもつことに担任教員が気づいた．不注意，衝動的な行動，課題に集中しないなどの行動上の問題のため，担任教員は特別学級行きを推薦した．しかし，学習状況を評価するテストの成績は標準以上であったため，特別学級に入ることはなかった．彼はクラス内ではつねに問題児であり，出された課題を時間内に終えることがいつもできなかった．しかし，彼は高校までの全教育課程を修了したばかりでなく，知能テストでも，学習成績でも，つねに平均か平均以上の成績を示した．高校卒業後仕事につくが，自分から辞めたり，解雇されたりで，いくつもの職を転々とした．放っておくと1日中テレビを見たり，音楽を聴いて過ごしてしまう．金銭感覚がなく，クレジットカードで買い物を繰り返すが，お金の支払いをしない．些細な盗みをする．しばしば嘘をつく．友達づきあいも長続きせず，友人に対して共感や同情を示さなかった．1児の父親になるが，父親としての態度はおろか，親としての義務も果たそうとはしなかった．自分自身のこのような態度に対して，罪悪感も良心の呵責も示さなかったという．

EVRも女性A，男性Bも，実験室で実施される神経心理学的な検査課題では，健常な人と同等の好成績を獲得するものの，社会生活場面では様々な問題行動を起こした．そして，その問題行動の特徴はこの3者でよく似ていることがわかり，いずれも意思決定に問題があることが示唆される．また同時に，感情が問題行動になんらかの関与をしていることも示唆される．Anderson et al.（2006）は，成人で前頭連合野眼窩部の損傷をもった7名と幼児期に同様の損傷をもった4名を，前頭連合野の他の部位や脳の他の部位に損傷をもつ人たちと比較している．その結果，前頭連合野眼窩部に損傷をもつ人は，情動面では，フラストレーションに対する寛容性，感情の易変性，不安感，怒りっぽさ，鈍感な感情，無感情，ひきこもりなどの評価値が高く，社会生活面では，判断のまずさ，柔軟性のなさ，計画性の欠如，優柔不断，積極性の欠如，持続性の欠如，硬直した行動，社会的不適合性，鈍感などの評価値が高いこと，そして，情動面での反応性や情動のなさに関する評価値と社会生活面での評価値の間に有意な相関のあること，さらに，幼児期に損傷を負った人は成人で損傷を負った人に比べて障害がひどいことを報告している．この結果は，前頭連合野眼窩部の損傷で重篤な情動障害が生じること，そしてこの情動障害が，社会生活場面で起こす様々な問題行動，とくに意思決定や判断における問題の原因の多くを説明できること，を明らかにしている．

6.5　前頭連合野眼窩部の損傷による感情表象や感情認知の変化

前頭連合野眼窩部の損傷により，自身の感情表現が単純化したり，様々な感情表現ができなくなったり，あるいは，他者の感情の認知や理解ができなくなるなど，情動面の顕著な障害の現れることが知られている（Stuss and Benson, 1986）．前頭連合野眼窩部の損傷による感情認知や感情表出の障害は，次のような例で観察することができる（Gazzaniga et al. (eds.), 2002）．たとえば，赤ん坊がこちらを向いて笑っている写真を見ると心がなごみ，ほほえましい気持ちになる．しかし，こちらを向いたピストルの銃口が突然現れると，驚きや恐怖を感じる．このようなときに生じる感情の変化や大きさは，皮膚伝導反応（skin conductance response あるいは Galvanic skin reflex などと呼ばれる）を利用して観察することができる．皮膚伝導反応を記録しながら，いろいろな感情を誘発する写真を実験参加者に次々に見せると，健常な人では，写真によって誘発される感情の違いに応じて，異なる大きさや異なる時間変化の反応が測定器に現れる．自然の風景の写真であれば反応はほとんど生じないが，不快感を生じさせる写真や恐怖を覚える写真が現れると大きな反応が生じる．このように，皮膚伝導反応を測定すると，誘発される感情の違いや感情の強さの違いにより，健常な人では反応の形や大きさに違いが生じる．しかし，前頭連合野眼窩部に損傷のある人で同じ測定をすると，恐怖を感じる写真や不快感を誘発する写真を見ても，健常な

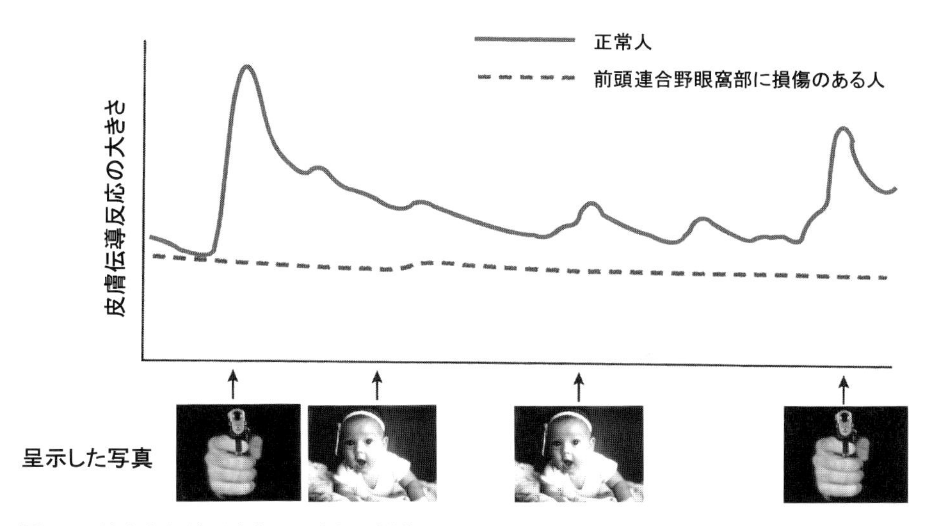

図 6.2　健常者と前頭連合野眼窩部に損傷のある人で，同じ写真を見たときに生じる皮膚伝導反応の比較（Gazzaniga et al. (eds.), 2002, 改変）
健常者では恐怖などの情動を生じる写真に対して大きな反応が生じるが，前頭連合野眼窩部に損傷のある人では反応に変化がない．

人で観察されるような皮膚伝導反応がまったく観察されなかった（図 6.2）．前頭連合野眼窩部に損傷のある人では，健常な人に生じている感情の変化が生じていないことがわかる（Gazzaniga et al. (eds.), 2002）．

このように，前頭連合野眼窩部の損傷は情動面での障害を生じるが，その障害は，自身の感情表現や感情制御に加えて，他者の感情の認知や理解においても生じる．そして，この情動面の障害は，社会的な場面においてより深刻に現れる．前頭連合野眼窩部に損傷のある人の社会的な行動に見られる特徴として，Blumer and Benson (1975) は，子どもっぽい態度，こっけいな態度，抑制のきかない性的ユーモア，不適切な自己満足，そして，他人に対する配慮の欠如などをあげている．一方，Stuss and Benson (1986) は，同情・共感などの感情移入の欠如，他人に対する思いやりや心遣いの欠如，さらには，自慢げな態度，自制心や分別のない行動，衝動性，ふざけた態度，将来に関する不安や関心の消失，などをあげている．

前頭連合野眼窩部の損傷により，自分自身の感情表現や他者の感情の認知に障害が生じると同時に，社会的な場面における感情表現においてとくに大きな障害を抱えるようになる（Bechara et al., 2000）．前頭連合野眼窩部の損傷により，一般的な知識，知的な能力，認知的な能力に関しては障害が見いだされないものの，偶然遭遇したできごとに対して柔軟に行動しなければならないようなとき，職場などの社会的な場面で状況にあった適切な行動をしなければならないときなど，社会生活で行われる様々な意思決定場面において障害が現れることが報告されている．社会生活の様々な場面で，様々な感情が生じるのをわれわれは日々経験している．自身に生じた感情やその変化と同時に，他者の示す感情やその変化の認知が，社会生活の様々な場面で行う行動選択，判断，意思決定において重要な役割を演じていることを経験する．前頭連合野眼窩部に生じた損傷により，自分自身の感情表現や他者の感情の認知に障害が生じたとすると，社会生活の様々な場面で行わなければならない行動選択，判断，意思決定などで問題を起こすことになるであろう．

6.6　アイオワ・ギャンブル課題

前頭連合野眼窩部に損傷をもつ人は，実験室や検査室で実施される一般的な知識，知的な能力，認知的な能力を測定する神経心理学的な検査課題では，健常者と比較して，とくに明確な障害を示すことはないことが繰り返し報告されている（Bechara et al., 2000）．しかし，EVR の例に見られるように，社会生活場面において様々な問題行動を起こすことが報告されている．したがって，実験室や検査室で実施する人為的な場面や文脈ではなく，社会生活において実際に遭遇しそうな場面や文脈を模した検査課題により，その障害の特徴，とくに，選択，判断，意思決定における障害の特徴と障害を生じる要因を明らかにすることができるのではないかと考え，検討がなされている．このような試みの一つとして，アイオワ・ギャンブル課題（Iowa Gambling Task）がよく知られている．

この課題は次のようなものである（Bechara et al., 1994）．実験参加者の前の机の上に，図 6.3 のように，4 群のカードが置かれている．実験参加者には，あらかじめ 2000 ドル相当のコピー紙幣が与えられる．その後，実験者から，どのカード群からでもいいのでカードを 1 枚ずつ引き，最終的に損失を最小にして，高額の賞金を獲得するように指示される．各カードの裏面には金額が書かれており，引いたカードに書かれている金額が賞金として得られる．4 群のカードが用意されているが，このうちの 2 群（C 群と D 群）のカードを引いたときに得られる金額はそれほど多くはない（50 ドル）が，他の 2 群（A 群と B 群）のカードを

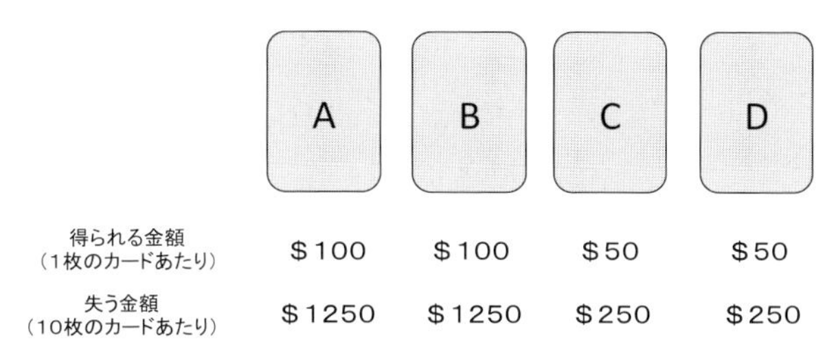

図 6.3　アイオワ・ギャンブル課題の模式図
A から D の四つのカード群が用意され，このカード群のどれかから，1 枚ずつカードを取っていく．A，B のカード群は不利なカード群に，C，D のカード群は有利なカード群に相当する．

引くと高額（100 ドル）の賞金が得られる．しかし，賞金を獲得できるカードに加えて，損失を意味するカードが所々に挿入されている．このカードを引いたときには，カードに書かれている金額を実験者に支払わなければならない．C 群と D 群では損失金額は多くない（250 ドル）が，A 群と B 群では高額（1250 ドル）の支払いが必要になる．したがって，C 群や D 群のカードを引き続けると全体としての損失は小さく，結果的に高額の賞金を得ることができることから，これらのカードは「有利なカード」であることがわかる．一方，A 群や B 群のカードを引き続けると，結果的に大きな損失を被ることになることから，これらのカードは「不利なカード」であることがわかる．実験参加者はどのカード群が有利なカード群かを知らされていないし，また，全体で何枚のカードを引くことができるのかも知らされていない．試行錯誤で有利なカード群を探し，その群のカードを引き続けるようにしなければならない．実際の課題は，実験参加者が 100 枚のカードを引き終わった時点で終了し，そのときに実験参加者が所持している金額が賞金となる．

Bechara et al.（1994）は，44 名の健常な実験参加者と EVR を含む 7 名の前頭連合野に損傷のある実験参加者にこの課題を行ってもらい，これらの人の選択行動を解析した．その結果，図 6.4 に見られるように，健常な実験参加者では，最初すべてのカード群からカードを引く行動が観察された．しかし，何度か不利なカード群のカードを引いて大きな損失を経験すると，その後は有利なカード群からカードを引き続ける行動が観察された．つまり，不利なカード群の選択を避け，有利なカード群をより選択する傾向が見られた．

これに対して，EVR や前頭連合野に損傷のある実験参加者では，最初は健常

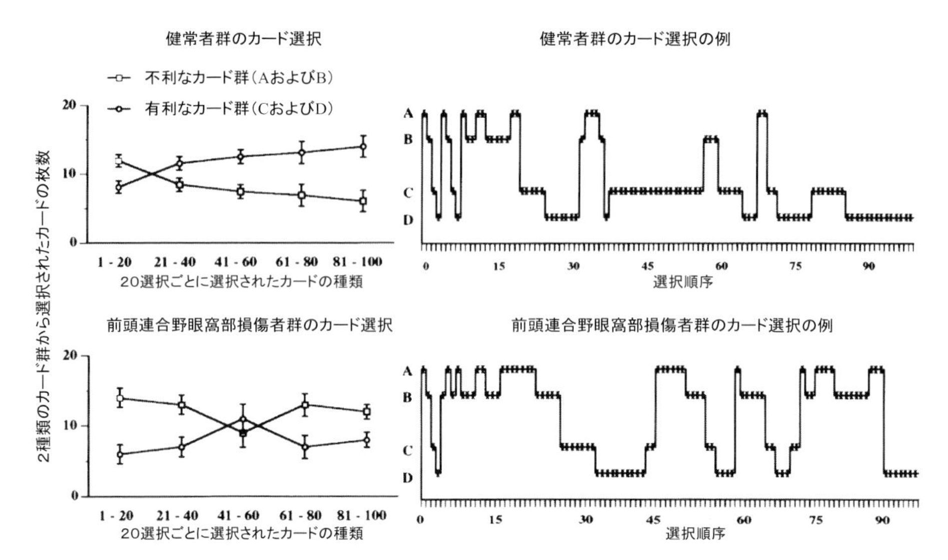

図 6.4 健常者と前頭連合野眼窩部に損傷のある人でのカード選択の相違(Bechara et al., 2000, 改変)
健常者では有利なカードを選択する率が徐々に高くなるが，前頭連合野眼窩部に損傷のある人ではそのような傾向は観察されない.

な実験参加者と同様の選択行動をするが，その後は有利なカード群のカードを引き続けたり，不利なカード群のカードを引き続けたりを繰り返し，結果的に有利なカード群よりも不利なカード群をより選択する傾向が見られた．EVR では，最初のテストの 1 カ月後，24 時間後，6 カ月後の 4 回のテストが行われたが，その選択方法は毎回ほぼ同様であった（図 6.5).

EVR を含む前頭連合野に損傷をもつ実験参加者では，カードの選択により高額の報酬が直後に得られるものの，そのカード群の選択を繰り返していると，遅れて大きな損失をこうむるような行動をなぜ継続するのだろうか．考えられる理由の一つとして，ポジティブな結果に対して過敏であるため，遅れて現れるネガティブな結果を予測できないことが考えられる．あるいは，ネガティブな結果に対する感受性が低いのかもしれない．さらに，将来得られる結果がポジティブかネガティブかには無関心で，今期待される結果に選択行動が誘導されるのかもしれない．そこで，アイオワ・ギャンブル課題の賞金と損失のスケジュールを入れ替えた課題をつくり，前頭連合野に損傷をもつ実験参加者の選択行動が検討された．その結果，ポジティブな結果に対する感受性の増加やネガティブな結果に対する感受性の欠如ではなく，今得られる結果によって選択行動が決定される

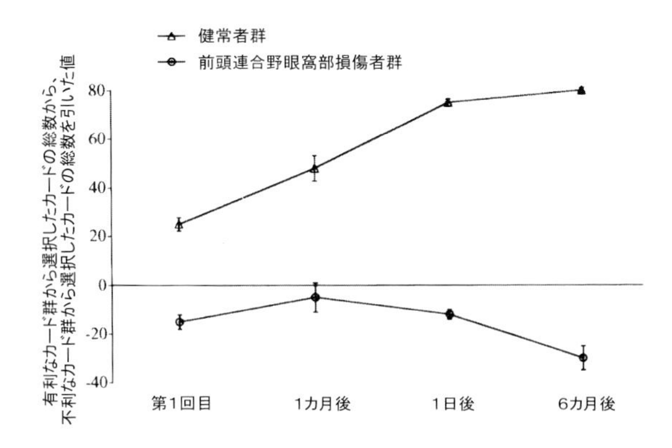

図 6.5　アイオワ・ギャンブル課題を繰り返し行ってもらったときのカード選択パターンの比較（Bechara et al., 2000, 改変）
健常者群では，有利なカード群のカードを引く割合が繰り返し回数とともに増加するが，前頭連合野眼窩部損傷者群ではそのような傾向は生じなかった.

ため，結果的にランダムな選択パターンになっていることが明らかにされている（Bechara et al., 1994）.

このように，前頭連合野眼窩部に損傷のある人では，なんらかの意思決定をするとき，その選択によって将来起こる結果が，有利になるか不利になるかという長期的な視点に立った予測には依存せず，選択直後に得られる結果が自身にとって有利か不利かといった，短期的な予測にのみ依存して意思決定をする傾向があると結論されている．直前の選択結果の善し悪しのみに依存して選択行動を続けた場合，全体を通して見るとランダムな選択傾向が強く現れてくる．したがって，前頭連合野眼窩部に損傷のある人では，様々な場面での意思決定がランダムに行われていると結論される．それに対して，健常な人では，経験による予測に基づいて意思決定が行われていることから，ある種の明確な選択傾向が見られることになる.

6.7　意思決定時に生じる感情がその方向を左右する

健常な人では，経験による長期的な予測に基づいて意思決定が行われているが，前頭連合野眼窩部に損傷のある人では，その場その場での価値判断に基づいて意思決定が行われるため，長期的に見るとランダムに意思決定が行われているように見える．同時に，われわれが経験する意思決定の場面では，経験による予測だけではなく，そのときの感情も意思決定の方向を左右しているように感じることがある．先に説明したように，前頭連合野眼窩部に損傷のある人では，情動面での顕著な障害（感情のなさ）が観察されている．そこで，予測による意思決定に感情がなんらかの影響与えているのかどうかを検討する目的で，Bechara et al.(1996）は，実験参加者がアイオワ・ギャンブル課題を行っているときの皮膚伝導反応を測定した．

不利なカード群のカードを引いて損失を経験する前後で，実験参加者が不利なカード群のカードを引く直前の予期的な皮膚伝導反応が比較された（図 6.6）．健常な人の場合，どのカードを引くときにも予期的な反応が生じていたが，不利

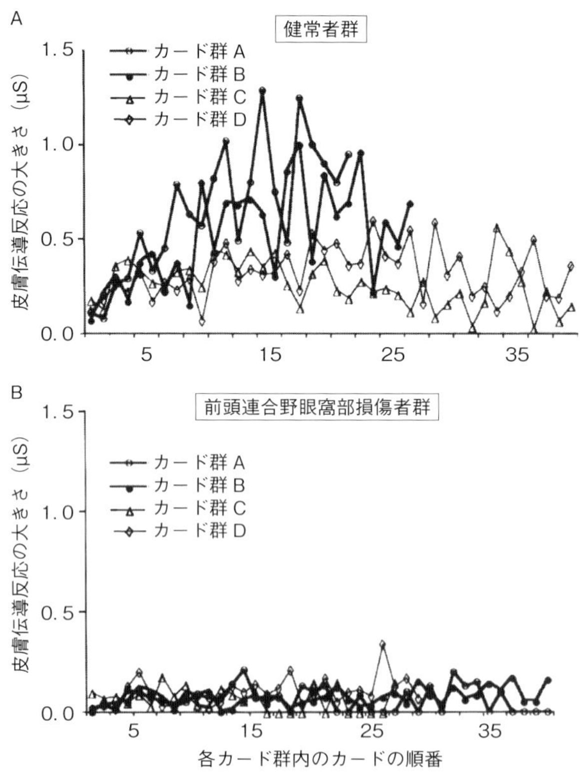

図 6.6　アイオワ・ギャンブル課題実行時の皮膚伝導反応の大きさの変化（Bechara et al., 2000，改変）
健常者群では，不利なカード群からのカード選択時に大きな反応が生じるようになるが，前頭連合野眼窩部損傷者群では，カード選択時の反応にまったく変化が見られない．

なカードを選択して損失を経験した後は，不利なカード群のカードを引く前に，顕著な予期反応が生じるようになった（図 6.6A）．一方，前頭連合野眼窩部に損傷のある人では，健常な人で観察されたカードを引く前の予期的な皮膚伝導反応は現れず，お金の獲得や損失に付随する反応のみが観察された（図 6.6B）．また，扁桃体に損傷のある人では，予期的な皮膚伝導反応も，お金の獲得や損失に付随する反応も観察されなかった．

さらに Bechara et al.（1997）では，アイオワ・ギャンブル課題での実験者の行動を四つの期間に分け，カード群による損得の違いを認識できたかどうかと，予期的な皮膚伝導反応との関係を検討している．損失をともなうカードを引く前の期間を「損失前期（pre-punishment period）」，損失をともなうカードを引いたけれど，この課題を続けていくと何が起こるかわからない期間を「予感前期（pre-hunch period）」，カード群により損得の違いがあるが，どっちのカード群が得かがわからない期間を「予感期（hunch period）」，そして，カード群による損得の違いがはっきり認識できている期間を「概念期（conceptual period）」と区別し，健常者と前頭連合野眼窩部に損傷をもつ人で，皮膚伝導反応を比較した．図 6.7 に見られるように，健常者では予感前期ですでに顕著な予期的皮膚伝導反応が生じ，その後の期間を通じてこの反応が観察されたが，前頭連合野眼窩部に損傷のある人ではこのような反応は観察されなかった．

皮膚伝導反応の出現や変化は，記録をとっている人の感情の変化を反映することが知られている．したがって，不利なカード群のカードを引こうとしたときに健常な人で観察された顕著な予期的皮膚伝導反応は，また損失をするカードを引くのではないかという，ある種の不安な感情が実際の選択行動を起こす前に生じていることを意味する．このことは，われわれがこれから行う意思決定行動が，予期される将来のできごとと結びついた予期的な情動信号によって影響されることがわかる．また，前頭連合野眼窩部に損傷のある人では，健常者に見られるこのような予期的な皮膚伝導反応の変化は最後まで観察されなかったことから，前頭連合野眼窩部がこのような情動信号の生成や処理にかかわり，意思決定行動に影響を与えていることがわかる．

さらに，Bechara et al.（1997）の実験では，健常な実験参加者の 3 割で，最後までどれが有利なカード群かを認識できなかったにもかかわらず，カード選択では有利な選択を行い，賞金を獲得していた．一方，前頭連合野眼窩部に損傷のあ

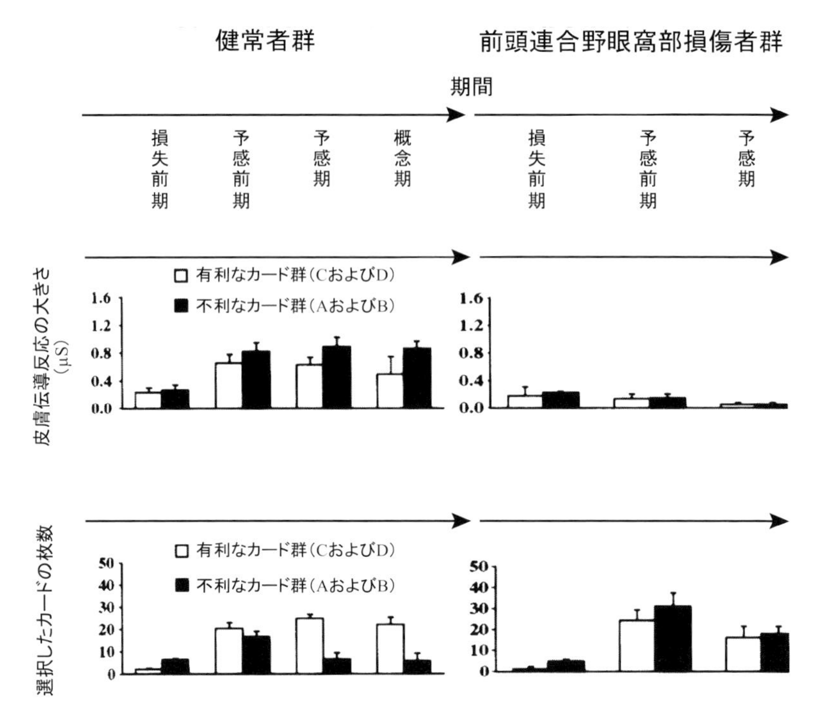

図 6.7　アイオワ・ギャンブル課題実行時の皮膚伝導反応の大きさの変化とカード選択の関係（Bechara et al., 2000, 改変）

健常者群では，どの群が有利なカード群かを意識するより前に，有利なカードを引く前と不利なカードを引く前で，皮膚伝導反応に違いが生じているが，前頭連合野眼窩部損傷者群では，そのような関係は観察されなかった．

る人の半数で，どれが有利なカード群かを答えることができたにもかかわらず，有利なカード群からの選択ができず，最終的に損失を出す結果になっていた．このように，前頭連合野眼窩部に損傷のある人では，有利なカード群を答えることができたにもかかわらず，有利な選択をすることができなかったことから，情動情報と結びつかない知識は，知識と意思決定行動を乖離させることがわかる（Bechara and Damasio, 2005）.

6.8　意思決定にかかわる感情：ソマティック・マーカー仮説

Bechara et al.（1996）は，皮膚伝導反応を用いた研究により，健常な人では，不利なカード群のカードを引いて損失を経験すると，次に不利なカードを引く直前に，顕著な皮膚伝導反応が観察されることを報告した．このような予期的な皮膚伝導反応は，どのカード群が有利かを実験参加者自身が認識する前から現れることも明らかにされている（Bechara et al., 1997）．皮膚伝導反応は，その人の感情の変化をよく反映していることから，この結果は，経験などで獲得した知識に基づいて意識的に判断や意思決定を行うようになるより前に，なんらかの感情的なバイアスが判断や意思決定にかけられ，判断や意思決定が方向付けられていることが示唆される．

たとえば，初対面の人に対して，何となく好感をもったり，違和感をもったりすることがある．初対面の人と何かの仕事をしなければならない場合，好感触をもった人とならやる気も出るが，違和感をもった人とだと気が進まない，といったことがある．初めて会った人に対して，なぜこのような感情が唐突に生じるのか，自分自身では理解できないが，このような感情が生じることを経験することは多い．

Damasio（1996）は，初対面の人を紹介されたときなどに生じる好感覚や違和感などの感情を「ソマティック・マーカー（somatic marker）」と表現した．私たちが判断や意思決定をするとき，いくつかの選択肢のなかのある選択肢に関連してあまり良くない結果が頭をよぎると，かすかな不快感や違和感のようなものを体に感じる．これは感情というよりは体のある種の状態（somatic state）に近いものである．この感情が，ある選択肢や選択にともなって生じるイメージに，快・不快の「しるし（mark）」をつけることから，これをソマティック・マーカーと名づけた．ソマティック・マーカーは特別な感情で，経験や学習により形成され，それぞれの選択肢に付随したシナリオから予測される将来の結果と結びついたある種の感情，と考えられている．これは，いくつかの選択肢のなかからある選択肢をポジティブにもネガティブにも際立たせることができ，その結果，その選択肢を選択しやすくさせたり，選択しにくくさせたりする，一種のバイアス装置として機能すると考えられている．そして，このような働きにより，判断や意思決定を個体にとって有利な方向に向かわせることができると考えられている．

なんらかの判断や意思決定をせまられる場面に直面すると，判断や意思決定にかかわる脳内の認知情報処理系が活動することになる．この認知情報処理系では，過去の経験や様々な知識を総動員し，自己にとって有利な結論を出そうとするが，そのとき，ソマティック・マーカーが結論の方向にバイアスをかけ，有利な結論が得られるように働きかける．前頭連合野眼窩部に損傷をもつ人では，皮膚伝導反応を用いた研究で明らかにされたように，意思決定に先行して生じる予期的な皮膚伝導反応が観察されないことや（Bechara et al., 1996），有利な選択肢を知識として保持しているにもかかわらず，有利な選択をすることができないこと（Bechara et al., 1997）などから，健常な人では知識や経験と情動情報が結びつき，情動情報がソマティック・マーカーとして機能することにより，有利な意思決定行動をとることができることがわかる．そして，このような機能の発現に前頭連合野眼窩部が重要な働きをしていることがわかる．

6.9　ソマティック・マーカーを生じる仕組み

ソマティック・マーカーを生じる仕組みとして，Bechara and Damasio (2005) は次のような説明をしている．「ソマティック（somatic）」とは，情動を特徴付ける体の反応全体を意味する．この反応を誘発させるものとして，一次要因と二次要因が存在すると考える（Damasio, 1995）．一次要因とは，快・不快，嫌悪，恐怖などの情動を生じさせる刺激がこれに相当する．たとえば，ヘビを突然見たとき，その恐怖感によって，心拍の増加，冷や汗が出る，鳥肌が立つなど，体全体に様々な反応が生じる．心拍の増加，冷や汗が出る，鳥肌が立つなど，体全体にある反応が起こっている状態がソマティック状態（somatic state）であり，このような状態をつくり出す刺激が一次要因である．一次要因には，その刺激によって自動的にある種の情動が誘発され，ある種のソマティック状態がつくられるような生得的なものに加えて，学習や経験によって獲得されたものも含まれる．一次要因によって生じるソマティック状態とは，要因そのものを直接経験することによって生じる体全体の反応群である．これに対して，二次要因とは，情動をともなうできごとの記憶などが相当する．それを思い出すことなどによって，実際の経験時に類似した情動とソマティック状態が体に生じることがある．たとえば，ヘビを考えたり，ヘビを思い出したりしたとき，ヘビを実際に見たときに類似した嫌悪感と体の反応が生じる．このような場合のヘビの記憶が二次要因になる．そして，一次要因による情動反応の生起やソマティック状態の形成には扁桃体が，二次要因による情動反応やソマティック状態の形成には前頭連合野眼窩部がかかわっていると考える．これら二つの要因にかかわる情報処理は，同じ刺激によって両部位で同時に行われるが，一次要因によってソマティック状態が形成されると，一次要因となる刺激がなくても，二次要因のみによってソマティック状態が生じるようになる．

前頭連合野眼窩部は，二次要因に関する知識や記憶と，その状況や文脈における感情と関係したソマティック状態を結びつけ，二次要因が生じたときに，それと関連づけられたソマティック状態をつくり出すトリガーとしての働きをもつと考える（Bechara and Damasio, 2005）．意思決定場面での前頭連合野眼窩部の活動とソマティック状態との関係を考えると，次のようなことが考えられる．脳内での情動情報処理系の構成要素である前頭連合野眼窩部は，以前経験した意思決定場面（一次要因）の記憶と，そのときに経験した感情や気分に関する記憶（一次要因によって生成されたソマティック状態）を結びつける情報が保持されており，類似した意思決定場面に再び遭遇（二次要因）すると，その記憶と関連して保持されていた情報が自律神経系などに送られ，以前経験した感情（たとえば，ある種の不快感）と関連した体の反応（ソマティック状態）が生成されると考えられている．特定の選択肢と結びついた感情やそれに関連した体の反応（ソマティック状態）が無意識に自動的に起こることにより，われわれの判断や意思決定にバイアスがかけられ，有利な選択の可能性を高めることになる．

このように前頭連合野眼窩部は，自身の感情の表出や制御，他者の感情の認知や理解にかかわると同時に，われわれが保持している記憶情報に，同時に生起した感情（ソマティック・マーカー）やそれにともなう体の反応（ソマティック状態）を結びつけ，必要に応じて無意識下でその関係を発現させ，ある種の身体反応を生じさせる働きをもっている．前頭連合野眼窩部の損傷により，ある選択肢とその選択肢に付随した感情であるソマティック・マーカーとが関連づけられなくなったり，学習や経験により形成されていたソマティック・マーカーが機能しなくなったりする．その結果，経験を利用した有利な選択へのバイアス機能が働かなくなるため，計画性のない，その場しのぎのランダムな判断や意思決定がなされるようになる．そのため，将来に向けての計画性のなさが指摘され，社会生活上で同じ失敗を何度も繰り返すことになると考えられる．

6.10　意思決定に感情がかかわるか

最近の研究では，リスク下条件での意思決定とあいまい条件下での意思決定の区別がされている．Becharaらが用いたアイオワ・ギャンブル課題では，実験参加者には有利なカード群，不利なカード群に関する情報は事前には与えられず，試行錯誤でカードを選択した結果の情報をもとにカード群の違いを認識していく課題になっている．したがって，アイオワ・ギャンブル課題は，あいまいな条件下での意思決定を行う課題に分類することができる．カードを選択し，所持金を増やしていくには，それまでの経験や学習の結果が必要であることから，どのカードを選択するかの決断には論理的な思考が必要であるが，同時に，経験や学習と結びついた感情が論理的な思考にバイアスをかけ，意思決定にある種の方向づけをすることが示された．アイオワ・ギャンブル課題の遂行には前頭連合野眼窩部の賦活がかかわっていることが，人の脳機能イメージングで明らかにされている（Fukui et al., 2005；Northoff et al., 2006）．同時に，感情による意思決定へのバイアスの付加に前頭連合野眼窩部が重要な関与をしていることも，損傷研究で明らかになっている．

しかしながら，事前に意思決定に必要な情報を与え，論理的に有利な選択ができるようにした条件においても，前頭連合野眼窩部に損傷をもつ人で健常者と異なる選択行動が見られるのだろうか．このような条件では，有利な選択も可能であるが，同時に，選択によって生じるリスクも明らかにされている．したがって，このような条件の課題は，リスク下条件での意思決定を必要とする課題ということができる．

Rogers et al.（1999a）はケンブリッジ・ギャンブル課題と呼ばれるギャンブル課題を使用し，前頭連合野眼窩部に損傷のある人の意思決定行動を調べた．このギャンブル課題では，実験参加者は自分が行った選択の確からしさを判断して，賭けをする．図 6.8 に示したように，テレビ画面の上部に赤い箱と青い箱がランダムな比率で合計 10 個呈示されている．また，画面中央の左側には実験参加者が今もっているポイント数が表示され，このポイント数に応じて，最後に報酬が支払われることになっている．実験参加者は，赤い箱か青い箱のどちらに黄色いトークンが隠されているかを，画面に呈示されている「赤」または「青」の文字に触れて答えなければならない．黄色いトークンはコンピュータにより赤い箱か青い箱のどちらかにランダムに隠される．実験参加者が赤い箱か青い箱のどちらかを選択すると，実験参加者がもっているポイント数の右横の枠内に，ポイントとなる数字が 5 秒ごとに順次呈示される．この数字は実験参加者が今行った選択に対して賭けることができるポイント数で，順次呈示される数字のなかから賭けるポイント数を自分で選択することができる．もし黄色いトークンが選択した色

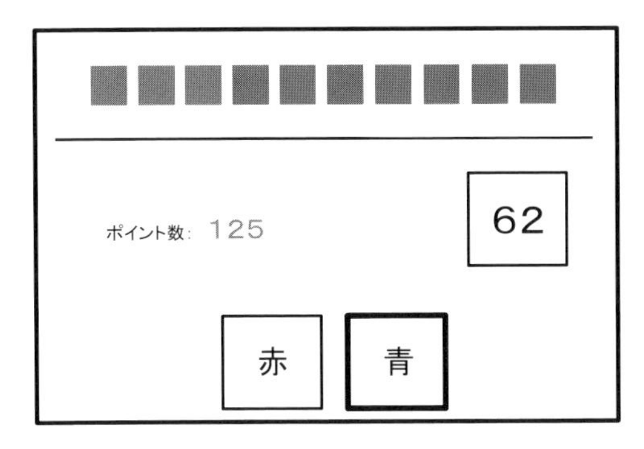

図 6.8　ケンブリッジ・ギャンブル課題での表示画面の様子（Rogers et al., 1999a）［カラー口絵参照］

の箱に隠されていれば，この数のポイントを獲得できる．選択した色の箱にトークンがなければ，選択した数字のポイントが今もっているポイント数から差し引かれる．

Bechara らが用いたアイオワ・ギャンブル課題では，カードの選択により得られる金額や損得にかかわるリスクは実験参加者に明示されていない．しかし，ケンブリッジ・ギャンブル課題では，各試行で得ることができる（あるいは，失うかもしれない）ポイント数は明確であり，また，選択の確からしさは赤い箱と青い箱の比率から判断できる．したがって，実験参加者が意思決定によって被るリスクは明白である．これらの情報をもとに，赤青のどちらを選択し，どれだけのポイントを賭けるかを論理的に検討できる．たとえば，赤い箱と青い箱の比率が 1:9 の場合，青い箱のなかにトークンが隠されている確率が高いことから，「青」を選択し，ポイントを稼げる可能性が高いことから，賭けるポイント数を大きくすることができる．一方，赤い箱と青い箱の比率が 6:4 の場合，「赤」を選択したとしても，赤い箱にトークンが隠されている確率は 50% 程度と低いことから，賭けるポイント数を小さくして，損失があったとしても最小にすることができる．このように，表示されている情報を利用して論理的に考えることにより，ポイント数を増加させたり，減少を最小限に抑えることができる．

健常な人，前頭連合野眼窩部に損傷をもつ人，眼窩部以外の前頭連合野に損傷をもつ人で，ケンブリッジ・ギャンブル課題での選択方法を検討したところ，健常な人や眼窩部以外の前頭連合野に損傷をもつ人では，比率の高い色の箱を選ぶ傾向が見出されたが，前頭連合野眼窩部に損傷をもつ人では，リスクの高い選択をする傾向が有意に高い結果が得られた（Rogers et al., 1999a；Clark et al., 2008）．また，賭けるポイント数を比較すると，前頭連合野眼窩部に損傷をもつ人では，健常な人や眼窩部以外の前頭連合野に損傷をもつ人に比べて，有意に高いポイントを賭け，破産する傾向の高い結果が得られている（Clark et al., 2008）．前頭連合野眼窩部に損傷をもつ人ではリスクの高い選択をする傾向が顕著で，この傾向は健常な人や眼窩部以外の前頭連合野に損傷をもつ人とは異なることが明らかにされている．

ケンブリッジ・ギャンブル課題の実行に前頭連合野眼窩部がかかわっているかどうかを検討する目的で，陽電子撮像法（positron emission tomography：PET）を用いた研究が行われている．Rogers et al.（1999b）は，ケンブリッジ・ギャンブル課題を少し改変し，赤青の箱のどちらに黄色いトークンが隠されているかの選択時に，それぞれを選択したときに得られる（あるいは失う）ポイント数を表示した．そして，トークンが隠されている確率の低い箱の色に大きなポイント数を，確率の高い箱の色に小さなポイント数をあてはめ，どちらの色を選択するかの意思決定を行わせた．この課題を行っているときに健常な成人で賦活の見られる場所を探した結果，右側の前頭連合野の下部および前頭連合野眼窩部で賦活が観察されている．右側の前頭連合野がこのような場面での意思決定にかかわっていることは，Knoch et al.（2006）による低頻度経頭蓋磁気刺激実験でも明らかにされている．右側の前頭連合野の経頭蓋磁気刺激により，リスクの高い選択をする傾向が強くなったが，左側の前頭連合野の刺激ではこのような傾向は現れなかった．この結果は，意思決定行動における前頭連合野内での関与の仕方の違いを表しているかもしれない．

6.11 ケンブリッジ・ギャンブル課題と感情

ケンブリッジ・ギャンブル課題では，獲得（あるいは，損失）が期待されるポイント数は自分自身で決めることができ，また，ポイント獲得の確率は画面上の赤い箱と青い箱の比率から予測することができる．そこで，実験参加者は，これらの情報をもとに，赤青のどちらを選択するかを論理的に決定できると考えられることから，ケンブリッジ・ギャンブル課題は，感情によるバイアスの関与なしに意思決定が行われている課題だといえるかもしれない．しかし，ケンブリッジ・

ギャンブル課題での選択に感情は影響しないのだろうか.

ポジティブな感情やネガティブな感情を生じさせる単語や写真を，意思決定に先だって実験参加者に見せると，その後の意思決定が影響されることが知られている．たとえば，Hinson et al.（2006）は，アイオワ・ギャンブル課題に似たギャンブル課題を使用し，有利な選択とポジティブな単語，不利な選択とネガティブな単語を組み合わせた条件（congruent 条件）と，有利な選択とネガティブな単語，不利な選択とポジティブな単語を組み合わせた条件（incongruent 条件）を設定し，大学生から成る実験参加者の選択行動を検討した．その結果，congruent 条件では圧倒的に有利な選択数が多くなったのに対して，incongruent 条件では不利な選択数が多くなる結果が得られている．さらに，感情を惹起する単語をワーキングメモリに保持させながらギャンブル課題を行わせると，ポジティブな単語の場合は成績の向上が，ネガティブな単語の場合は成績の低下が観察されている．このように，感情を惹起させる単語の事前の呈示が意思決定行動に影響を与えることがわかる．

ケンブリッジ・ギャンブル課題での選択に感情は影響しないのかどうかを，Mochizuki and Funahashi（2009）は Hinson et al.（2006）が用いた方法に類似

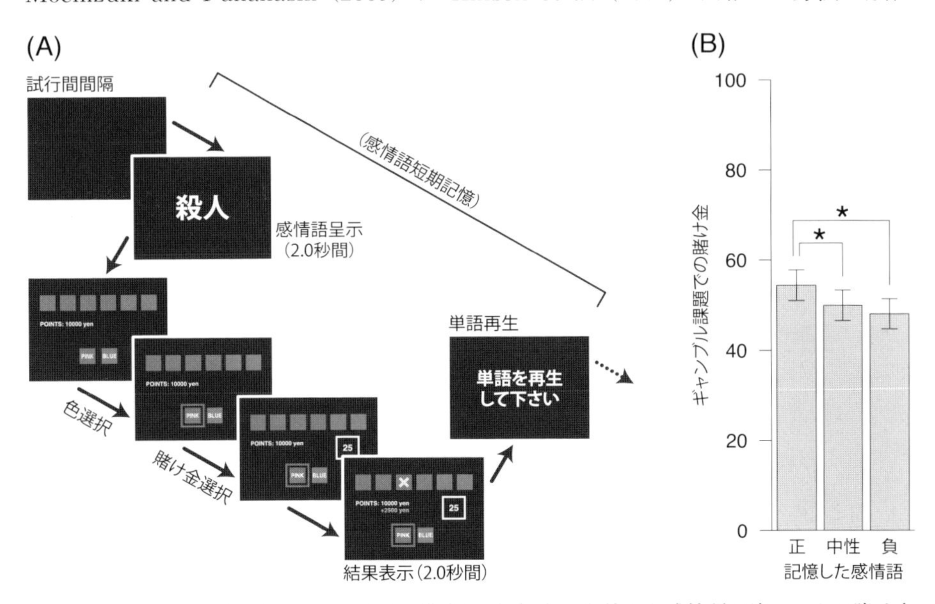

図 6.9　ケンブリッジ・ギャンブル課題の模式図（A）と，記憶した感情語の違いによる賭け金への影響の結果（B）（Mochizuki and Funahashi, 2009，改変）［カラー口絵参照］

コラム11　機能局在と前頭連合野の機能：知性の座か沈黙野か

前頭連合野の機能の重要性は今ではだれでもよく知っている．しかし，今から150年ほど前ではそうではなかった．前頭連合野の重要性は，大脳皮質における機能局在の発見と関係している．

感覚や知覚，行動の発現や制御，発話や話し言葉の理解，記憶など，様々な機能が私たちの脳の働きにより生まれ，とくに大脳の特定の場所で担われていることを知っている．たとえば，手や足の運動の発現や制御は，前頭連合野後部にある運動野，運動前野，補足運動野と呼ばれる部分で行われている．左側の運動野は右側の手足の運動の制御に，右側の運動野は左側の手足の運動の制御にかかわる．また，運動野には体部位局在と呼ばれる機能局在があり，運動野の部位の違いによって，運動を制御する体の部位が違う．同様に，後頭葉には視覚情報処理にかかわる視覚野や視覚連合野があり，頭頂葉には皮膚感覚情報処理にかかわる体性感覚野，側頭葉には聴覚情報処理にかかわる聴覚野や聴覚連合野が存在し，それぞれの部位にはさらに詳細な機能局在のあることが知られている．

大脳が様々な認知活動にかかわる情報処理の中枢としての役割をもち，そこには機能の局在があることを最初に提唱したのは，フランツ・ヨゼフ・ガルであり，彼の提唱した骨相学が18世紀後半から19世紀にかけて一世を風靡した．これは，人の能力，個性，適性などの特徴が大脳の特定の部位の機能に対応しているという考えである．大脳に人の能力や個性の源があるという考えは間違いではなく，また，様々な認知機能が大脳の特定の部位と関係するという考え方は，現代の機能局在論から離脱しているわけではない．しかし，ガルが注目した能力や個性が概念的・文学的であり，そのような機能が大脳に局在している証拠はなかったため，似非学問として非難されることになった．しかし，19世紀の半ば以降，ブローカによる人の言語野の発見，フリッチュとヒッツィッヒによる犬の運動野の発見，フェリエとゴルツの機能局在論争や聴覚野の発見などをはじめとして，視覚，聴覚，体性感覚，運動制御，言語などの機能が大脳皮質の特定の領域に局在していることが次々に明らかにされ，19世紀末には大脳皮質における機能局在の概念が確立することになった．

様々な感覚や運動，言語機能にかかわる部位の大脳皮質上の局在が明らかになってくると，記憶，思考，推論，創造性，知性などの機能も大脳皮質上に局在しているのではないかと考えられるようになった．これらの機能のどれをとっても，特定の感覚・知覚機能や特定の運動表出と結びつかないことから，感覚・知覚領域や運動領域以外の部位である連合野で担われていると考えられる．ヒトの大脳では，前頭連合野，頭頂連合野，側頭連合野，後頭連合野の4連合野が区別されている．なかでも前頭連合野は，他の連合野と比べて大きな容量を占め，霊長類のなかでもヒトで一番大きな容量を占めていることから，前頭連合野こそ人の知性や理性や創造性にかかわる機能の局在部位であると考えられた．そこで，前頭連合野は「知性の座」と称された．

しかしながら，前頭連合野に大きな損傷を受けているにもかかわらず，このような人で，感覚･知覚障害や運動障害はもちろん，ヒトに特有な機能である言語や記憶，学習機能にも変化はほとんど観察されなかった．また，前頭連合野を刺激してもとくに行動に変化は観察されず，また，外的な刺激を加えても，前頭連合野から変化を記録することもできなかった．同じ連合野でも頭頂連合野や側頭連合野の損傷により，失行，失認，注意障害，感覚・知覚障害や健忘症など，日々の生活に大きな支障を生じる障害が起きるのに対して，前頭連合野の損傷で観察される障害は，個性の変化や性格の変化などと表現される変化で，損傷の前後で記憶や学習機能にもほとんど変化がなく，知性の変化も観察されなかった．そのため，前頭連合野は機能的には意味のない領域であるという考えが提唱され，前頭連合野は「沈黙野」と称された．

このように19世紀には前頭連合野は，ヒトが「人」であるための基礎となる機能を担う最も重要な場所であり，「知性の座」であると考えられる一方で，機能的にまったく無意味な「沈黙野」であるという考えも存在していた．前頭連合野は「知性の座」なのか，それとも「沈黙野」なのか．これに解答を与えたのがフィネアス・ゲイジが遭遇した事件であった．ゲイジに関する詳細な報告は，前頭連合野が「沈黙野」ではないこと，人の知性にかかわる重要な機能を担っている部位であることを明確に示した．

した方法を用いて検討した．各試行での赤青の箱の選択に先だって，ポジティブな感情を惹起させる単語やネガティブな感情を惹起させる単語をモニター上に呈示し，大学生の実験参加者にそれを記憶させ，試行の終了時に記憶した単語を報告させることで，選択行動における感情の影響を調べた（図6.9）．その結果，実験参加者は，記憶しなければならない語によって惹起される感情の違いによらず，有利な選択を行う傾向のあること，選択に要する時間にも違いは見出されなかった．しかしながら，実験参加者が各選択に賭けるポイント数を調べると，ネガティブな感情を惹起させる単語を記憶する条件に比べて，ポジティブな感情を惹起させる単語を記憶する条件で，賭けるポイント数が有意に高くなることが見出された．この結果は，与えられる情報に基づく論理的な思考により意思決定を

コラム12 フィネアス・ゲイジと前頭連合野機能

前頭連合野眼窩部の働きはもちろん，前頭連合野の働きに関する知見を考える上で，歴史的に重要な人物がいる．それがフィネアス・ゲイジである．今から約170年前の1848年9月13日，米国バーモント州のキャベンディッシュという町の近郊で爆発事故が起こり，一人の若者が頭部に重大な損傷を受けた．この若者の名前がフィネアス・ゲイジである．当時ゲイジは，バーリントン市とラットランド市を結ぶ鉄道線路の敷設工事に携わっていた．25歳の若さで，線路の敷設場所を探す先遣隊の現場監督を任され，10名ほどの作業員を指揮してその作業を行っていた．現場監督は，決められた作業を手早く行い，線路の敷設場所を確保することを会社から求められていた．同時に，作業員の仕事ぶりに応じて給与を支払う役目も会社から託されていたため，給与に関するトラブルが原因で，現場監督が殺傷される事件が起きていたといわれる．しかしゲイジは，作業員に対して公平に接し，どの作業員からも信頼が厚かったため，ゲイジのグループではそのようなトラブルは生じていなかった．同時に，計画どおりに着実に敷設場所の選定を進めていったことから，会社からの信頼も厚い人物だったといわれている．

線路の敷設場所を探してキャベンディッシュの郊外まで来たところ，その行く手を大きな岩によって遮られた．そこで，この岩を爆破して切り通しをつくり線路を通すため，爆破作業に取りかかった．9月13日の朝から，数名の作業員が岩に穴をあける作業にとりかかり，夕方の4時頃に穴あけ作業が終了した．いつものように，あけられた穴のなかにまず黒色火薬を詰め，次に導火線をセットした．いつもであれば，その後あいている穴を塞ぐために細かな砂を穴のなかに入れ，上から特性の鉄棒を入れて砂を隙間なく押し固める作業を行う．しかしこの日は，穴に砂を入れようとしたとき，別の作業をしていた作業員がゲイジに声をかけ，作業の指示を求めたため，爆破作業を中断した．しばらくして爆破作業に戻ったゲイジは，砂をすでに詰め終わったと思い，砂を押し固めるために鉄棒を穴のなかに入れた．このとき，鉄棒と岩との接触によって火花が発生し，これが火薬に引火して爆発が起こった．この爆発により鉄棒が穴から外に飛び出し，ゲイジの顔面を直撃し左側の前頭部に大きな損傷を受けた．

前頭部の大きな損傷にもかかわらず，医師の適切な処置により，ゲイジは奇跡的に命をとりとめる．回復後，見かけは事故前とほとんど変わらなかったが，事故前とは性格や行動が一変し，事故前のゲイジを知る人たちから「今のゲイジは，もはや私の知っているゲイジではない」と評されるほど変化した．回復後のゲイジは，感覚・知覚，運動，言語などの機能には変化はなかった．しかし，移り気で優柔不断になったと同時に，感情のコントロールが失われたために感情の起伏が激しくなり，また，周囲の人に汚い言葉を発するなど，社会性も失われてしまった．ゲイジが事故前にもっていた，緻密で，計画的で，人から尊敬され信頼される性格が，左側前頭部の損傷（とくに眼窩部の損傷）により大きく失われてしまった．

ゲイジに見られた性格や行動の顕著な変化は，それまで「沈黙野」と呼ばれて機能的には意味のない領域と考えられていた前頭連合野が，実は様々な重要な機能を担っている領域であることを明らかにし，その後の前頭連合野の機能の解明に非常に大きな貢献をした．

ゲイジに見られるような変化は前頭連合野の損傷でよく観察されている．この部分に損傷をもつ人では，積極性がなくなる，自主性がなくなる，無気力になる，周囲のできごとに無関心になる，計画性がなくなる，不要な刺激に対する反応抑制ができなくなる，問題解決能力が低下する，などの変化の現れることが知られている．目的とは無関係な，周囲にある目立つ刺激や興味のある刺激に注意が向いてしまい，目的とする行為を遂行できなくなってしまう．あるいは，なんらかの選択のための意思決定をしなければならないとき，とくに，選択肢が複数あり，そのなかから現状で最適な選択肢を選択しなければならないような場面での意思決定に問題が生じる．さらに，行動上の特徴として，子どもっぽい行動や態度，こっけいな態度，抑制のきかない性的ユーモア，不適切な自己満足，そして，他人に対する配慮の欠如など，社会的な場面での不適切な行動もあげられている．さらに，自分自身の感情をうまくコントロールできないと同時に，他人に対する同情や共感などの感情移入の欠如，他人に対する思いやりや心遣いの欠如なども知られている．とくに，前頭連合野眼窩部の損傷は，感情や感情にともなう行動に変化を生じることが知られ，その変化は，自分自身の感情表現や，他の人の感情の認知と同時に，社会的な場面における感情表現においてより深刻に現れてくることがゲイジの例ではっきりと示されている．

行える場面においても，そのときの感情が意思決定に影響を与えることを示している．Clark et al. (2008) は，ケンブリッジ・ギャンブル課題において，前頭連合野眼窩部に損傷をもつ人では，健常な人に比べて賭けるポイント数が増加する傾向のあることを報告している．したがって，賭けるポイント数の感情による変化は，前頭連合野眼窩部の機能とかかわりがあることが示唆される．

このように，論理的な推論により最適な選択が可能で，感情によるバイアスがかかりにくいと考えられるケンブリッジ・ギャンブル課題における選択においても，そのときの感情が選択に影響を与えることがわかる．そして，このような意思決定場面において影響を与える感情の制御においても，前頭連合野眼窩部が関与していることがわかる．

おわりに

われわれがふだん行う意思決定には，様々な情報を利用した論理的な推論が重要な役割を演じている．その情報の一つは，意思決定によって得られた結果の評価に関する情報である．それによる意思決定では，いくつかの選択肢のなかからある選択をしたときにどのような結果が得られるか，あるいは，どの程度の有益な結果が得られるかを，過去の経験をもとに論理的に評価し，一番評価の高い選択肢を選択する．そして，その選択で得られた結果が，期待どおりの好ましいものであれば評価を高め，期待に反して好ましくないものであれば評価を下げる．そして，この評価を次の意思決定のための情報として使用する．しかし，どの選択肢をとるかの意思決定は，選択によって得られると期待される結果の評価ばかりではなく，その選択にどれだけのコストが必要か，そして，コストに見合った結果を得ることができるかにも依存する．

選択によって得られると期待される結果の評価や，その選択に必要なコスト，さらに，選択で被るかもしれないリスクなどの情報をもとにした論理的な推論で意思決定が行われるだけではなく，その方向に大きな影響を与える感情という要因が加わる．感情は，ダマシオらが唱えるソマティック・マーカーという形で，いくつかの選択肢のなかからある選択肢をポジティブにもネガティブにも際立たせ，その結果，その選択肢を選択しやすくさせたり，選択しにくくさせたりする一種のバイアス装置として，多くの場合は無意識下で機能する．そして，感情のこのような働きにより，意思決定を個体にとって有利な方向に向かわせることができると考えられている．そして，われわれの意思決定が感情によって影響されるような場面で，前頭連合野の一部分である前頭連合野眼窩部が重要な役割を演じていることが明らかにされてきている．

［船橋新太郎］

文　献

Anderson SW, Barrash J, Bechara A, Tranel D : Impairments of emotion and real-world complex behavior following childhood- or adult-onset damage to ventromedial prefrontal cortex. *J Int Neuropsychological Soc* **12**, 224-235, 2006.

Anderson SW, Bechala A, Damasio H, Tranel D, Damasio AR : Impairment of social and moral behavior related to early damage in human prefrontal cortex. *Nature Neurosci* **2**, 1032-

1037, 1999.

Bautista LM, Tinbergen J, Kacelnik A：To walk or to fly? How birds choose among foraging modes. *Proc Nat Acad Sci USA* **98**, 1089–1094, 2001.

Bechara A, Damasio AR：The somatic marker hypothesis：A neural theory of economic decision. *Games and Economic Behavior* **52**, 336–372, 2005.

Bechara A, Damasio AR, Damasio H, Andersen SW：Insensitivity to future consequences following damage to human prefrontal cortex. *Cognition* **50**, 7–15, 1994.

Bechara A, Damasio H, Damasio AR：Emotion, decision making and the orbitofrontal cortex. *Cereb Cortex* **10**, 295–307, 2000.

Bechara A, Damasio H, Tranel D, Damasio AR：Deciding advantageously before knowing the advantageous strategy. *Science* **275**, 1293–1295, 1997.

Bechara A, Tranel D, Damasio H, Damasio AR：Failure to respond autonomically to anticipated future outcomes following damage to prefrontal cortex. *Cereb Cortex* **6**, 215–225, 1996.

Blumer D, Benson DF：Personality changes with frontal and temporal lobe lesions. In：Psychiatric Aspects of Neurologic Disease (Benson DF, Blumer D eds), Grune & Stratton, New York, pp. 151–169, 1975.

Clark L, Bechara A, Damasio H, Aitken MR, Sahakian BJ, Robbins TW：Differential effects of insular and ventromedial prefrontal cortex lesions on risky decision-making. *Brain* **131**, 1311–1322, 2008.

Damasio AR：Toward a neurobiology of emotion and feeling：operational concepts and hypotheses. *Neuroscientist* **1**, 19–25, 1995.

Damasio AR：The somatic marker hypothesis and the possible functions of the prefrontal cortex. *Phil Trans Royal Soc London, Series B* **351**, 1413–1420 , 1996.

Damasio AR：Descartes' Error：Emotion, Reason, and the Human Brain, Putnam Publishing, New York, 1994.（田中三彦訳：生存する脳―心と脳と身体の神秘，講談社，2000）

Eslinger PJ, Damasio AR：Severe disturbance of higher cognition after bilateral frontal lobe ablation：patient EVR. *Neurology* **35**, 1731–1741, 1985.

Fukui H, Murai T, Fukuyama H, Hayashi T, Hanakawa T：Functional activity related to risk anticipation during performance of the Iowa gambling task. *NeuroImage* **24**, 253–259, 2005.

Gazzaniga MS, Ivry RB, Mangun GR eds：Cognitive Neuroscience：The Biology of the Mind, 2nd Edition, W. W. Norton & Company, New York, 2002.

Hinson JM, Whitney P, Holben H, Wirick AK：Affective biasing of choices in gambling task decision making. *Cogn Affect Behav Neurosci* **6**, 190–200, 2006.

Knoch D, Gianotti LRR, Pascual-Leone A, Treyer V, Regard M, Hohmann M, Brugger P：Disruption of right prefrontal cortex by low-frequency repetitive transcranial magnetic stimulation induces risk-taking behavior. *J Neurosci* **26**, 6469–6472, 2006.

Mesulam MM：Principles of Behavioral and Cognitive Neurology, 2nd Edition, Oxford University Press, New York, 2000.

Mochizuki K, Funahashi S：Effect of emotional distracters on cognitive decision-making in Cambridge gambling task. *Psychologia* **52**, 122–136, 2009.

Northoff G, Grimm S, Boeker H, Schmidt C, Bermpohl F, Heinzel A, Hell D, Boesiger P：Affective judgment and beneficial decision making：Ventromedial prefrontal activity correlates with performance in the Iowa gambling task. *Hum Brain Mapp* **27**, 572–587, 2006.

Rogers RD, Everitt BJ, Baldacchino A, Blackshaw AJ, Swainson R, Wynne K, Baker NB, Hunter J, Carthy T, Booker E, London M, Deakin JFW, Sahakian BJ, Robbins TW：Dissociable deficits in the decision-making cognition of chronic amphetamine abusers, opiate abusers, patients with focal damage to prefrontal cortex, and tryptophan-depleted normal volunteers：Evidence for monoaminergic mechanisms. *Neuropsychopharmacology* **20**, 322–339, 1999a.

Rogers RD, Owen AM, Middleton HC, Williams EJ, Pickard JD, Sahakian BJ, Robbins TW：Choosing between small, likely rewards and large, unlikely rewards activates inferior and orbital prefrontal cortex. *J Neurosci* **19**, 9029–9038, 1999b.

Rudebeck PH, Walton ME, Smyth AN, Bannerman DM, Rushworth MFS：Separate neural pathways process different decision costs. *Nature Neurosci* **9**, 1161–1168, 2006.

Stuss DT, Benson DF：The Frontal Lobe, Raven Press, New York, 1985.（融　道男，本橋伸高訳：前頭葉，共立出版，1990）

Sutton RS, Barto AG：Reinforcement Learning：An Introduction, The MIT Press, Cambridge, MA, 1998.（三上貞芳，皆川雅章訳：強化学習，森北出版，2000）

●索　引

タ 行

ナ 行

ハ 行

マ 行

ヤ　行

ラ　行

ワ　行

編者略歴

渡邊正孝（わたなべ・まさたか）

1947年　愛知県に生まれる
1978年　東京大学大学院人文科学研究科単位取得修了
現　在　東京都医学総合研究所・シニア研究員
　　　　文学博士

船橋新太郎（ふなはし・しんたろう）

1950年　滋賀県に生まれる
1981年　京都大学大学院理学研究科博士課程中途退学
現　在　京都大学こころの未来研究センター・教授
　　　　理学博士

情動学シリーズ 4
情動と意思決定
ー感情と理性の統合ー

定価はカバーに表示

2015年11月20日　初版第1刷
2018年 7月15日　　　第2刷

編　者　渡　邊　正　孝
　　　　船　橋　新　太　郎
発行者　朝　倉　誠　造
発行所　株式会社　朝　倉　書　店
東京都新宿区新小川町 6-29
郵便番号　162-8707
電　話　03（3260）0141
FAX　03（3260）0180
http://www.asakura.co.jp

〈検印省略〉

印刷・製本 東国文化

ISBN 978-4-254-10694-7　C 3340　Printed in Korea